農ある世界と地方の眼力4

令和漫筆集

小松泰信　著

大学教育出版

はじめに

2020年度の食料自給率はカロリーベースで37%でした。1993年度や2018年度に並ぶ過去最低の数字です。成人の基礎代謝すら自給できないこの国のありように、暗澹《あんたん》たる気持ちを禁じ得ません。

暗澹たる気持ちといえば、新型コロナウイルス感染症に終息の兆しが見えません。

東京都においては、2021年7月12日から4回目となる「緊急事態宣言」が、菅義偉《すがよしひで》総理大臣によって発出されました。東京オリンピックもパラリンピックも宣言下での実施となりました。政府がコロナ対策の切り札と位置づけたワクチンは自給できず、海外の製薬メーカーに全面的に依存しました。

食料自給率の低さと、ワクチン自給率がゼロであることは、国民の生命を守るという政治のもっとも重要な使命が、いかに軽視されているか、さらには忘れさられているかを証明しています。

本書は、一般社団法人農協協会がインターネットで配信しているJAcom&農業協同組合新聞で、毎週水曜日に担当しているコラム「地方の眼力」の20年度に掲載された50編からなっています。これまで出版してきた『農ある世界と地方の眼力』シリーズの第4弾です。

これまで通り、掲載順に並べるスタイルを取ったため、農業・農家・農村・農協という、いわゆる「農ある世界」を巡る情況についてのウィークリー・クロニクル（週間記録帳）となります。なお、内容は原文を尊重し、必要最小限の修正・調整にとどめました。また、個人の所属や肩書き、組織名なども初出時点のままとしています。ご了解ください。

昨年上梓《じょうし》した『農ある世界と地方の眼力3』のはじめにで、「菅政権は、安倍政権の継承を自認しており、すべてにおいて悲観的予想をせざるを得ません。コロナ禍と相まって、明るい展望の見いだせない情況がしばらく続くでしょうが、その情況を少しでも好転させるためのひとつの希望として、本書が多くの人に受け入れられることを願っています」と書いています。今年10月に岸田文雄《きしだふみお》政権が誕生しましたが、今度も悲観的予想が当たりそうです。

「継続は力なり」とは、続けることの重要性、倦《う》まず弛《たゆ》まず続けて行けば力量がアップすることを教えてくれる格言です。しかし、小さい時から何事も長続きしなかった身には、「継続には力が必要」という意味に思えてなりません。

当コラムを継続することによって確実に成長、進化の可能性は高まりますが、そのためには、テーマを見つけ、怠け心をねじ伏せて、パソコンに向かい、推敲《すいこう》を重ねる力が必要です。そしてそれ以上に必要なのが、書かれたものを発表する「場」を提供し続ける力です。

私のライフワークである「地方の眼力」に、発表の場をご提供いただいている一般社団法人農協協会の「力」には、この場をお借りして厚く御礼を申し上げます。

また、厳しい出版事情の中、快く出版の機会をご提供いただいた株式会社大学教育出版の佐藤守社長の「力」にも、厚く御礼を申し上げます。

２０２１年10月

小松泰信

農ある世界と地方の眼力4

――令和漫筆集――

目次

農ある世界と地方の眼力4

―― 令和漫筆集 ――

打てる手は打て

（2020・04・01）

共同通信社は全国の有権者を対象として3月26日から28日に世論調査を行った（対象者2013人、回答者率51・3％）。
新型コロナウイルスに関連する問いへの回答概要は次の通りである。
「今後の感染拡大」については、「広がる」74・5％、「収まる」21・1％。
「最も望ましい緊急経済対策」については、「消費税率の引き下げ」43・4％、「現金給付」32・6％、「商品券給付」17・8％。

3密ならぬ3ミス

〈現状〉売上は、3割程度減。損益分岐点をうろうろしている。他の飲食店に比べたらいい方かもしれないが、今のままなら悪くなるのは明らか。従業員の雇用は継続している。しかし、いつまで雇用を継続できるかは分からない。

〈営業自粛要請〉売上もしくは人件費などに関する補償があれば、要請に応えて休業する。しかし、何の補償も無いのに休業はできない。なぜなら、売上が無いのに、給料は支給しなければならないから。当然潰れる。

〈スピード不足〉安倍首相は決断力不足。判断に時間がかかりすぎ。会見でも具体的なことは何も決まっていない。経営判断をするための情報不足。舵取りができない。

〈助成金〉社会保険労務士に問い合わせたら、平時における助成金の支払いは5～6カ月後。最短でも3ヵ月後。今回もこのペースだとすれば、入金された時には潰れている。実効性なし。

以上が、飲食業を営む息子へのヒアリング概要。
要約すれば、迅速性なし、具体性なし、実効性なし、3拍子揃った、3密ならぬ3ミス対策。

地方紙が伝える現場の悲鳴

西日本新聞（3月29日付）は、「地域経済を支えてきた訪日外国人客はクルーズ船の運航停止などで2月は半減し、3月以降はさらに落ち込む見通しだ。九州でも観光地のホテルや旅館、貸し切りバス会社、飲食店、小売店などから悲鳴が上がる。（中略）この事態が長引けば、事業停止に追い込まれる中小零細企業や力尽きる個人事業主が続出する恐れがある。そこに手を差し伸べ、雇用や生活を守るセーフティーネットこそが今求められる」として、「雇用調整助成金の要件緩和や運転資金の融通、収入が途絶えた個人事業主への当面の生活資金貸し付けといった、目の前の危機を乗り切るための対策」を強調している。

神戸新聞（3月30日付）は、「死者数が急増し市街地封鎖に至った米国では、2兆2千億ドル（約237兆円）規模の経済対策法が成立した。所得制限を設けた上で国民に最大1200ドル（約13万円）を給付する。ドイツなども相次いで巨額の対策を講じている」と、米独の迅速な対応を紹介し、「国民生活を支えるのは財政の重要な役割」とする。また「国民への現金給付」を柱のひとつにあげ、迅速性と公平性を考慮して「財源を有効に活用できる枠組みを練り上げてもらいたい」と要望するとともに、「雇用の維持は社会不安の抑制にも直結する」ため、「解雇や雇い止めなどの横行」への監視強化を求めている。

中国新聞（3月30日付）も、「政府の見通しでは、緊急対策を盛り込んだ補正予算案が国会で成立して、予算措置をすると、現金給付は5月中になる。そこまで困窮者たちを待たせるのか。急ぐべきである」と、迅速な対応を求めている。

また、「業績が悪化している中小企業への支援も待ったなし」として、「融資枠の拡大で、資金繰りに苦しむ中小企業の救済を図らなければならない」とするとともに、3月下旬の厚生労働省の調査では約900人が解雇されたことから、「従業員を解雇せず休業にとどめた企業に助成金を支給する『雇用調整助成金』制度を幅広く活用してもらう必要がある。補助率のアップをはじめ制度の拡充や、手続きの簡素化など」を求めている。

さらに消費税についても、「半年や1年に限って税率を下げたり停止したりすることも含めて、メリットやデメリットを検討すべきだ」と、踏み込んでいる。

沖縄タイムス（3月31日付）は、沖縄県の米軍嘉手納基地において米兵2人の感染が判明しているにもかかわらず、「基地の外に出たかなど直前の行動は明らかにされていない」ことに疑問を呈する。現在、米国は「パンデミック（世界的大流行）の中心地」であるとして、「米兵の立ち寄り先に不特定多数が集まる場があったのなら情報を積極的に開示すべきだ。国内事例として県との情報共有が不可欠である」と、米軍基地を抱えるがゆえの重い課題を指摘する。

言行不一致内閣は信用でき内閣

その沖縄に菅義偉官房長官が3月29日に訪問したことを、TBS NEWS（TBSの動画ニュースサイト、3月29日17時16分）が報じている。

菅氏は、観光業界や経済団体の関係者との意見交換に際し、「この場をしのぐことが次のV字回復・反転攻勢につながるので、皆さんから忌憚《きたん》のない意見を言っていただくと大変ありがたい」と語っている。また、那覇市の国際通りを視察し現地の方と交流している。

その頃、多くの東京都民、さらに首都圏民は外出の自粛要請に従っていた。臨時休業せざるを得ない業者も多数存在した。そんな時も時、都市封鎖の必要性が取り沙汰されている東京から、内閣官房長官がノコノコ沖縄に行き、マスクもせずに3密状態の意見交換会に出席したり、不要不急の町歩きをしている姿は、言行不一致内閣のスポークスマンの面目躍如そのもの。

悪い予想はよく当たる

特に、安倍政権においては、悪い予想はよく当たる。冒頭で紹介した共同通信社の世論調査で4分の3の人が、今後の感染拡大を予想している。だからこそ、「緊急」の名に値する対策が求められている。

AFP=時事（4月1日5時14分配信）によれば、米軍の空母「セオドア・ルーズベルト」の艦長が国防総省に対し、空母内で新型コロナウイルスの感染が拡大し状況が制御不能になっているとして、乗組員の隔離に向けた迅速な支援を要請した。

毎日新聞（4月1日8時58分）によれば、陸上自衛隊秋田駐屯地（秋田市）に勤務する20代の男性隊員が新型コロナウイルスに感染した。陸上自衛隊で初の感染確認。

もう、瀬戸際で食い止めることはできなかったことを素直に認め、出し惜しみすることなく打てる手は打つ。それしかない。

「地方の眼力」なめんなよ

キー・ワーカーへの敬意と評価

（2020・04・08）

安倍晋三首相は、新型コロナウイルスに対処する緊急事態宣言について事前報告した4月7日の衆院議院運営委員会で、今回のような緊急事態に対応するために、憲法改正による緊急事態条項導入も国会で議論する必要があるとの認識を示した。これに対して、衆院憲法審の野党幹事らは、与党が求める審査会に当面応じないことを確認した。

「コロナ危機に乗じて、終息の後は改憲論に弾みをつけたいとの意図が透けて見えると受け取られても仕方がない。これでは政府と国民の真の信頼関係は生まれない」とは、北海道新聞（4月8日付）の社説。惨事便乗好きの首相ならではの言動には要注意。

飲食業を営む息子からの続報

店は4月5日から閉めている。12日までの予定だったけど5月6日までは、居酒屋は開けたら悪みたいな感じ。固定費としては従業員の給与と家賃。店を閉めても、従業員には休業補償で6割は出してあげなくてはいけないので雇用調整助成金を申請準備中。2～3ヶ月でおりるとの噂。家賃は交渉してるけど減額はほぼダメ。預けてる保証金から引いてくれと言ってるけど難色だね。公庫から4900万円、銀行から3000万円借りた。無利子だ、低利率だとはいえ結局は借金。休業要請と従業員の給与補償はセットで出してもらいたい。家賃の救済制度も。大家も支払い返済があるから家賃の身入りがないと焦げついちゃうよね。無利子だろうがなんだろうが借金して延命治療してるだけ。

彼我の違いに驚く

「スーパーと薬屋と自転車屋以外は、飲食店を含めて町中のすべての店が閉まっているのでベルリンはとても静かだ。この状態がいつまで続くのか。閉店を続けるとつぶれてしまうような個人経営の小売店、飲食店、ヨガ教室、ライブハウス、本屋などは、簡単な手続きをするだけですぐに補助金が貰える。フリーの俳優、ミュージシャン、作家などもイベントがキャンセルされて経済的に苦しい場合は申請すれば９０００ユーロの援助金がすぐに口座に振り込まれる、という手紙が先週組合から来た」と、ドイツの対応の一端を教えてくれているのはベルリン在住の作家多和田葉子《たわだようこ》氏（東京新聞夕刊、4月3日付）。これだけですべてが分かるわけではないが、彼我の違いが大きいことは十分伝わってくる。

地方紙が鳴らす警鐘

北海道新聞（4月8日付）の社説は、日本で行政府に都市封鎖（ロックダウン）の権限はないのに、小池百合子都知事が当初、都市封鎖の可能性に言及した結果、「不安にかられた人たちが東京から感染者の少ない地方に移動する動きが加速し、感染リスクを拡散した――との指摘がある」ことを紹介し、「危機の際に重要なのは指導者が正確で詳細な情報を伝え、国民に共有してもらう対話の姿勢だ。不用意な発言が大きなマイナスをもたらした典型例」とする。

また、「東京都は宣言を受けて休業要請を幅広い業種に出す方針だ。ただでさえ経営難が深刻になっているところに、企業や店に与える損失は計り知れない」にもかかわらず4月7日の記者会見で首相が、「要望の強かった休業に伴う直接の損失補償は行わない考えを改めて示した」ことを取り上げ、「収入減の中小企業、個人事業者には給付金を支給するが、十分ではない。休業要請と補償は一体であるべきだ。痛みを強いるようなやり方は不安と不信だけが残る」ことを指摘する。

中国新聞（4月8日付）の社説は、感染者数が世界2位のスペインでは、首相が「不要不急の経済活動をやめるように」と言い渡し、労働者には2週間の自宅待機を求めたことを示し、「対岸の火事ではないと心得るべき時である」とする。

「『貯金がなく、生活が立ちゆかない』『収入減で家賃が払えなくなる』…。労働問題に取り組む東京のＮＰＯ法人には、このままでは路頭に迷いかねないと不安がる、悲痛な声が働き手から寄せられている」ことを紹介し、「減収分を切れ目なく穴埋めする、迅速な支援策」を強く求めている。

さらに、「自民党内からも、はや追加策を望む声が聞こえる」としたうえで、「国内総生産（ＧＤＰ）の2割に及ぶ」「世界的にも最大級」と自賛を繰り返す首相に対して、「数字にとらわれず、足元で上がり始めた働く人たちのＳＯＳに耳を傾けるべき」と苦言を呈し、「雇用と家計を支える追加の手だてを惜しんではならない」と、檄《げき》を飛ばす。

平時のゆとりこそが緊急時の対応力

西日本新聞（4月2日付）において、ブレイディみかこ氏（保育士・コラムニスト）が展開するイギリス事情を踏まえた論考もまた示唆に富んでいる。キー・ワードはまさに「キー・ワーカー」（米国ではエッセンシャル・ワーカー）。医療従事者、警官、教員、保育士、介護士、公共交通機関職員、スーパーマーケット従業員などの、地域に必要不可欠なサービスの従事者を指している。

今回のコロナ禍で、「非常時に『鍵となる勤労者』と呼ばれるほど重要なサービスを提供する職業が、おしなべて低所得の仕事ということ」に気づき、「これらの人々の年収は、大企業や銀行幹部の報酬と比べるとシュールなほど少額だ」と、驚嘆する。

「『緊縮VS.反緊縮』とか、『大きな政府VS.小さな政府』とか、識者や政治家は大きな言葉を使って討論する。だがこの非常な状況で立ち上がってきているのは末端で働く人々の力だ。社会に欠かせない『キー・ワーカー』たちの重要性だ。ならば政治は、この人たちとこの人たちの職場に投資しなければならない」と、断じる。そして、「新型ウイルス危機はやがて去る。しかし、それは人々の経済や財政に対する考え方を大きく変えるだろう。私たちは気づいたからだ。平時のゆとりこそが緊急時の対応力だということに。そしてどんな仕事が社会の真の屋台骨であり、不当に過小評価されてきたかということに」と、重要な課題を剔出《てきしゅつ》する。

どうなる「強制終了」された資本主義のあと

毎日新聞（3月30日付）で、山田孝男氏（同紙特別編集委員）はまず、ドイツのメルケル首相が国民に訴えたビデオメッセージで、スーパーマーケットの従業員、つまりキー・ワーカーをねぎらったことを「新しい現実に見合っている」と評価する。そして、「富裕層と貧困層、先進国と途上国――の格差是正は長い間、グローバルな課題でありながら、富の再分配は滞ってきた。気候変動とウイルスが、格差や地球環境問題に無頓着な拡大膨張志向の資本主義を『強制終了』させつつある――ように見える」と、慎重な筆致で世界のこれからの有り様を展望している。

キー・ワーカーに敬意を払い、正当に評価することが、「格差の無効性」を人々に気づかせ、格差無き社会と世界の構築への第一歩となる。忌まわしいコロナ禍の中だからこそ、発見できるものもある。V字回復という餌で簡単に釣れると思うな国民を。

「地方の眼力」なめんなよ

アベノクライシス

（2020・04・15）

与野党は4月14日、新型コロナウイルスの感染拡大を踏まえ、衆院議員の歳費を今後1年間、2割削減することで一致した。参院自民党にも同様な意見があり、衆参揃い踏みとなりそうだ。

しかしこれは単なる議員の自己満足。こんなことで何かをした気にならないでいただきたい。コロナ禍を克服するために、歳費以上の仕事をしていただければいいだけのこと。できない議員には辞職あるのみ。

国難首相には聞こえない、見えない、語れない

4月14日のNHK「おはよう日本」は、安倍首相が13日の自民党役員会で、新型コロナウイルスに関する緊急事態宣言をめぐり、「休業に伴う補償や損失の補填は対象となる事業者の絞り込みが困難で、海外でも例がない」として否定的な考えを重ねて示したことを伝えた。ところがワンクッション置いて、「一方、ヨーロッパには支援のスピードを特に重視した国があります。申請から数日後に補助金が振り込まれているドイツ」ときた。

そして、実際に補助金を申請し受け取ったベルリン在住のピアニスト峯麻衣子《みねまいこ》さんのインタビューが紹介された。峯さんも日本の文化芸術家同様、演奏活動のめどが立たず収入が減少し、不安の日々を送っている。インターネット上での申請にかかった時間は約10分。証拠書類のアップロードは必要なし。あまりにも簡単なため「だましじゃないよね」とすら思ったそうだ。そして申請の2日後には、3ヶ月分約60万円が振り込まれた。「3ヶ月分、バ～ンと援助しても

らえると、その分のストレスが減って、本当にありがたいの一言です」と語っている。安倍さ～ん、聞こえた？　ちなみにこれは「振り込み」詐欺ではありません。

地球儀を俯瞰《ふかん》する視点で、積極的な外交を展開するのが自慢の首相だが、見るべき時に見るべきものを見ていないことがよ～く分かった。

でもね、窮状にあえぐ国民を救うとはこういうこと。邦人を支援してくれたドイツ政府に感謝しながら、後追いであろうが真似ることを恥じる必要は無い。一番苦手なことだろうが、素直に謙虚にね。

と言っても、「海外で例がないと申しましたのは、それはですね△◇＊◎☆！。いわば、★※＃＄％＆と言うことであります。いずれにいたしましても、そのような意味におきまして海外では例がない、と言った訳であります」と、突っ込みどころだらけでだれも突っ込めない意味不明な音を発するはず。だからあなたは国難首相。

国民は愚策と見抜いている

共同通信社は全国の有権者を対象に、4月10日から13日に世論調査を行った（対象者１９４７人、回答者率52・8％）。新型コロナウイルスに関連する問いへの回答概要は次の通りである。

「緊急事態宣言期間中（5月6日まで）に、感染者が減るか」については、「減る」26・5％、「減らない」68・9％。

「布マスク2枚配布への評価」については、「評価する」21・6％、「評価しない」76・2％。

「総額１０８兆円の緊急経済対策」ついては、「どちらかといえば」を含んで「期待できる」23・4％、「期待できない」72・1％。

「条件付き1世帯当たり30万円給付」については、「妥当」20・4％、「一律給付にすべき」60・9％、「増額すべき」10・7％。

「休業要請に応じて生じる損失への国の補償」については、「国が補償すべき」82・0％、「国が補償する必要なし」12・4％。

以上より、布マスクはもとより、緊急経済対策、30万円給付といった取り組みに、国民の多くは評価も期待もしていない。要するに、窮状を打開できない愚策のオンパレードということ。さらに、国が休業を要請するなら、それによって生じる損失は国が補償すべきという意見は8割にも及んでいる。

官邸は、できない理由を並べ立てるが、だとすれば「先手先手で必要な対策を総動員して、躊躇なく実施」（2月29日の総理記者会見）や「一気呵成《いっきかせい》に、これまでにない発想で、思い切った措置」（3月14日の同記者会見）等々の威勢のいい言辞はすべて嘘だったことになる。

国民の7割が、5月6日までには終息しないと予想している。会見での威勢のいい言辞が嘘でないならば、先の見えない長期戦を強いられて、不安な中に佇《たたず》む国民感情を少しでも和らげる施策の可及的速やかな実行あるのみ。

現場の窮状への対応

西日本新聞（4月14日付夕刊）によれば、福岡県の休業要請を受け、高島宗一郎《そういちろう》福岡市長は14日に、要請や依頼に応じて休業した市内の中小企業・小規模事業者の店舗賃料の8割（上限50万円）を補助するなどの緊急支援策を正式に発表した。財政規模は約100億円。高島市長は「県の休業要請がより実効性を持つために、しっかりサポートしていく」と述べている。

翌15日付の同紙は、福岡市の緊急支援策に対する事業者からの歓迎の声を紹介している。

劇場経営者は「地元事業者に寄り添った決断で、ありがたい」と評価。月額数百万円の賃料が重くのしかかり、経営は逼迫《ひっぱく》する。店舗賃料の補助については、「金額よりも支援してくれる姿勢がうれしい」と話す。

休業中の高級クラブオーナーは「8割の補助は非常に助かる」「休業要請と支援はセットであるべきで、当然だと思う」と話す。

国民にとって、政府と地方公共団体、あるいは地方公共団体間での不協和音は、迷惑千万な話と肝に銘じるべきである。

非常時だからこそ政権批判をためらうな

西日本新聞（4月12日付）において永田健《たけし》氏（同紙特別論説委員）は、「今回のウイルス対応を目の当たりにして、国民は『安倍政権の危機管理能力は、本当はたいしたことないのでは』と疑い始めている。この国民意識の変化は、安倍政権の土台を揺るがしかねない」と、痛いところを鋭くつく。そして、「『国難である今、リーダーを中心に団結し、国民一丸となって乗り切るべきだ』と強調することで『非常時の政府批判は危機突破の妨害』という空気をつくろうとする」動きを警戒する。

さらに「政府が頑張っている時に、それを批判すべきでない」という論理の誤りを、二点あげて指摘する。

第一に、政治という仕事は常に結果責任のみを問われるものなのだ。頑張るのは当たり前であって、評価の対象にならない。

第二に、政府の「間違った頑張り」はむしろ害悪であるということだ。国難だからこそ、政府の努力の方向性が正しいかどうか、国民が監視して自由な批判をすることの重要性が増す。

当コラム、もとより安倍晋三氏を人としても政治家としても信用も信頼もしていない。コロナ禍への対応で、彼の存在そのものが我々にとって非常事態であり危機（crisis ＝クライシス）であることが明らかになった。乗り越えるべきはアベノクライシス。

「地方の眼力」なめんなよ

コロナが迫る人間中心主義の放棄

（2020・04・22）

「観光客のいなくなった伊ベネチアの水路。悠然と泳ぐクラゲの姿を生物学者が撮影した。水面がベネチアの歴史的建造物を反射して、まるでクラゲが建物の間をゆらゆらと漂っているようにも見える。引き潮と水上交通量の減少により、水質が大幅に改善している」という字幕付き映像を紹介しているのは、ロイター日本語サイト編集部の公式ツイッター。自然界にとっては人間の方が、許しがたいウイルス的存在なのだろう。

許しがたい医療従事者への差別

東京新聞（4月21日付）のコラムは、「新型コロナウイルスの感染が拡大する中、医療従事者の最前線での懸命な努力が続く。マスクや防護服も十分ではない。疲労に加え、自身やあるいは家族が感染するかもしれぬという不安。それでも歯を食いしばっている。頭が下がる。医療従事者の人を思う心の強さや、使命感に頼ってばかりではいられまい。人のため、世の中のためにと、立ち向かう医療従事者をわれわれもまた同じ心で支えたい」と、医療従事者への感謝の意を記している。

確かに、建物のライトアップや医療従事者への拍手などで、最前線で奮闘する人々に謝意や連帯を示す動きが広がっている。

しかしその一方で、差別や嫌がらせも少なくない。

NHK福井放送局のNEWS WEB（4月16日23時14分）によれば、4月16日に、窪田裕行《くぼたひろゆき》福井県健康福祉部長は、「県内で167人の新人看護師が、県内の医療現場に就業しております。この突然のコロナウイルスの感染拡大によりまして、卒業式もできずに、それから共に学んだ友人に会うことも叶わずにですね、ウイルスとの戦いの最前線に投入されているという状況であります。ところがこのような新人看護師に対しても周囲から配慮のない声が出ている。唯一、安らぎをもとめられるであろう家に帰るのも躊躇されるという声も聞くわけでございます」と、看護師など医療従事者に対する風評被害の実態を訴え、「県民みんなで立ち向かうことが必要で、医療関係者をみんなで支えていきたい」と、述べた。

また4月18日のNHKおはよう日本は、医療従事者の親族が介護施設の利用を見合わせるように求められたり、医師などがタクシーから乗車を拒否されたりするケースがあったことを伝えた。

情けない患者や家族への嫌がらせ

医療従事者に対してさえもこの有様。患者やその家族に対してなら推して知るべし。

CBCテレビ（4月20日18時56分配信）によれば、三重県の鈴木英敬《えいけい》知事は、4月20日の会見で、新型コロナウイルスの患者や家族の家に、石が投げ込まれたり、壁に落書きされるなどの被害が三重県内であったことを公表し、「誰がいつどこで感染するかわからない中、傷つけ合っても意味がない」「感染による差別は、絶対にあってはならない。差別が起きないよう呼びかけていく」と語った。

日本経済新聞（4月17日付夕刊）も、「新型コロナの専門外来がある関東の総合病院では3月、医師や看護師らをストレスチェックした結果、1割以上がうつ病などの恐れがあると指摘されたという。4月に入り、離職者が相次ぐ病院が出始め、感染者を受け入れた病院の医師や看護師、その家族らが差別的な扱いを受けるケースも報告されている」ことや、新型コロナの治療に当たる看護師が「同僚にも『汚い』などと陰口を言われるのがつらい」と語っていることを紹介している。

ちなみに、当コラムが住む岡山県内でも、感染者の家に心ない張り紙が貼られ、転居に追い込まれたそうだ。ヒトが二次被害、三次被害を生んでいる。

日本はもはや先進国ではない

「サンデー毎日」（5月3日号）で白井聡氏（京都精華大専任講師・政治学）は、「犬でも猫でもよいから安倍晋三にとって代わらせるべき局面」とバッサリ斬ったうえで、「コロナ危機への対処において目を瞠《みは》らされたのは台湾と韓国である。両国は、民主的な政府は同時に危機において機能する政府でもあることを証明してみせた。……両国の民衆は『民主的で有能な政府』をタダで手に入れたのではないし、そんな政府が突然天から降ってきたのでもない。権威主義的独裁体制との永年の激しい闘争、多大の犠牲を伴う闘争によって、彼らはそうした政府を手に入れたのである。翻《ひるがえ》って、安倍政権を永らく支えてきたのは、完成した奴隷根性と泥沼のような無関心である」として、「日本はもはや先進国ではない」とする。

さらに、「コロナ危機が近代（＝資本主義の時代）に終止符を打つのではないかという見解が根拠なきものだとは、私は思わない。近代の本質がヒューマニズム（人間中心主義）であったとすれば、近代の終わりはその終焉」、すなわち人間中心主義の終焉を意味していると言う。そして、「産業の停止による大気汚染の緩和によって救われる命の方が、ウイルスによる死者よりも多いかも知れない」という環境学者の言説を、「ひとつの可能性を示唆」するものとして注目する。

「その可能性とは、人間が人間中心主義を放棄することが直接に人間の幸福に寄与する可能性」であり、そこから、「コロナ危機はその可能性が開花する世界への転換をわれわれに要求している」として、ポスト・コロナ禍において人類が歩まざるを得ない道を示している。

自然共生型の社会構造にむけて舵を切れ

「今回の感染拡大には、生物多様性が深く関わっています」で始まるのは、毎日新聞（4月21日付）の「緊急事態を生きる」というコーナーで語る五箇公一《ごかこういち》氏（国立環境研究所・保全生態学）。「病原体にも本来の生息地があり、宿主と共に進化しつつ生態系を作っています。それを破壊し、持ち出すと感染症の問題が起きる」としたうえで、「新型コロナウイルスのような新興感染症は、野生生物由来と考えられます。産業革命以降、自然の開発や破壊が進み、ウイルスが噴き出してきました。交通網の発達で今までにない速さで世界に広まり、これからも人間社会に繰り返しやってきます」と語る。そして、「経済発展による非持続的な社会をパンデミックが止めたのかもしれず、1～2年で終わる問題ではないでしょう。これを機に、グローバル経済より足元の地域経済に目を向け、里山を生かした自然共生型の社会構造へと転換することも考えてみるべきです。暮らし方改革で持続的な社会をつくることで、自然からの災禍も乗り越えられるでしょう」と、冷静に超長期的展望に立った重い課題を投げかけている。

もちろん、「農業、農村の出番です。農業、農村、農家、そして農業協同組合は自然共生型社会づくりに、直ちに舵を切りましょう」と、言える客観的状況にはない。しかし、多面的機能の供給主体として、舵を切れる、あるいは舵を切らねばならないことも事実である。もしこの道を歩み始めなければ、われわれはコロナウイルスの恐怖におびえ続けることになる。

「地方の眼力」なめんなよ

「密」がだめなら「疎」だね～

（2020・05・13）

日本農業新聞（5月13日付）は、農業者を中心とした同紙農政モニター1025人を対象に、4月下旬から5月上旬に郵送で行った意識調査の結果概要を伝えている。回答者は733人、回答者率は71・5％。新型コロナウイルスに関する問いへの、「どちらかといえば」を含む大別した評価結果は、次の2点である。

コロナまん延防止、終息に向けた政府の対応については、「評価する」30・8％、「評価しない」66・0％。

農業経営などへの経済的打撃に対する政府の対策については、「評価する」20・2％、「評価しない」67・4％。

明らかに、この間の政府の対応や対策は、7割近くの農業者に評価されていない。

安倍内閣、安倍農政不支持。評価される多様な生産基盤の強化と居住環境を意識した農村政策

この調査は、最近の農業者の意識を把握する上で、興味深い傾向を教えている。概要は次の通り。

（1）安倍内閣については、「支持する」37・5％、「支持しない」62・3％。

（2）安倍農政への評価（大別表示）は、「評価する」24・3％、「評価しない」68・2％。
（3）農業所得増大に向けた政策（大別表示）は、「評価する」16・3％、「評価しない」74・6％。
（4）食料自給率向上に向けた政府の取り組み（大別表示）は、「評価する」10・5％、「評価しない」82・9％。
（5）「食料国産率」指標を設けたこと（大別表示）は、「評価する」26・3％、「評価しない」56・8％。
（6）5兆円の輸出目標（大別表示）は、「評価する」36・5％、「評価しない」53・3％。
（7）大型自由貿易協定発効の影響（選択肢を集約）は、「影響なし」3・8％、「マイナスの影響あり」88・2％、「プラスの影響あり」0・3％。
（8）政府の農協改革について（大別表示）は、「評価する」25・2％、「評価しない」64・0％。
（9）規模や地域条件にかかわらず生産基盤の強化方針を出したこと（大別表示）は、「評価する」55・7％、「評価しない」35・2％。
（10）農村居住環境等条件整備と関係省庁の連携などの農村政策の方向（大別表示）は、「評価する」68・9％、「評価しない」22・6％。
（11）自民党支持率44・1％、自民党農政への期待率43・2％、年内に衆院選があった場合の自民党投票率38・6％。

このように、安倍内閣や安倍農政、そして一連の具体的政策などへの評価は惨憺《さんたん》たるものである。しかし、自民党に対する支持や期待は極めて堅固である。

さらに注目すべきは、多様な農業者や農業生産条件を対象とする生産基盤強化策を5割強が、居住条件整備に注力する農村政策を7割近くが、それぞれ評価している点である。

図らずも節目を迎える地方分権一括法と過疎法

西日本新聞（5月12日付）で前田隆夫氏（同紙佐世保支局長）は、「コロナ問題で光が当たらなかったが、この4月は地方分権一括法の施行から20年の節目だった」ことを取り上げている。「一括法施行の後、地方分権は道半ばでトーンダウンした」ものの、いくつかの自治体における迅速なコロナ対策に注目し、コロナ終息後の社会の仕組みは、「きっと『密より疎』『集中から分散』に向かう」とし、「分権ののろし上げよう」と、檄を飛ばしている。

節目の年を迎えたのは、地方分権一括法だけではない。過疎地域自立促進特別措置法、いわゆる過疎法も、2021年3月末に期限切れとなる。

総務省の有識者らによる過疎問題懇談会（座長・宮口侗迪《としみち》早稲田大名誉教授）は4月17日に「新たな過疎対策に向けて～過疎地域の持続的な発展の実現～」と題する最終報告書を公表した。

「はじめに」において、「（過疎地域が）地域資源をさらに高度に活用して、都市にはない価値を蓄積していくことができれば、わが国は多様な空間の価値の上に発展的な国土を構築することができる」として、「先進的な少数社会」を過疎地域の目指すコンセプトに掲げている。

施策は、「地域、住民、学校の連携による人材の育成」「人の流れと人と地域のつながりの創出」「働く場の創出」「再生可能エネルギーの活用」「革新的な技術の活用」「地域運営組織と集落ネットワーク圏（小さな拠点）の推進」「市町村間の広域連携と都道府県による補完」「目標設定とフォローアップ」で構成されている。

それぞれの地域特性を踏まえて、できるところから取り組むことになるが、農業協同組合や森林組合といった既存の協同組織への言及がまったくなされていない点が、気になるところではある。

とは言え、この報告書の価値は、「過疎」対策を超え、コロナ禍があぶり出した「過密」社会の脆弱性、危険性を薄める、さらには解消するためのひとつの処方箋を示しているところである。

「むすびに」にも、コロナ禍を契機に「都市への過度の集中は大規模な災害や感染症発生の際のリスクを伴う。都市とは別の価値を持つ低密度な居住空間がしっかりと存在することが国の底力ではないかと、改めて考えざるを得ない」と記されている。

過疎法への期待

中国新聞（5月9日付）の社説は、「『過疎』の言葉を生んだ中国山地などに財政支援の手を差し伸べた最初の法制定から、半世紀。既に日本全体が人口減の局面に入っている。今回の提言を一つの手掛かりとして、過疎地域の支援策に新たな地平を切り開いてもらいたい」と、大きな期待を寄せる。その上で、「問題は、それを誰がやるのか—ということに尽きる」と自問し、「地域の個性を見いだすときに、よそから関わり続ける『関係人口』や移住者といった門外漢の視点は糸口になり得る」と自答する。

河北新報（5月4日付）の社説も、本格的な人口減少局面に入ってから、過疎法に求められる役割も大きく変わっていくとみるべきとして、「都市集中の『過密』リスクが、かつてないほど顕在化している。与党には大局観を持って地方分権の推進や地域産業の高度化など、あらゆる施策を動員して均衡ある国土形成につなげていく議論を期待したい」とする。さらに、「大都市に暮らす人々に対しては、各地に根差す多様な文化や生態系の保全、大都市の被災低減など、国民に共通する過疎地域の価値に目を向けてもらうことが重要だ」と提言する。

日本農業新聞（5月8日付）の論説は、「人口の少ない地域の存在の重要性など、新型コロナウイルスの感染拡大に見舞われている日本社会全体への提言が凝縮されている。過疎新法の制定に向け過疎地域の価値と役割を共有したい」とする。その上で、「コロナ禍の最中に、過疎地域が都市を支える存在であることを、国民全体で共有すること」を求めている。

これからは、「密です、密です」と警告を発する人には、「疎だね〜、疎だね〜」と言ってやる。「地方の眼力」なめんなよ

（2020・05・20）

火事場泥棒の次なる獲物

中谷元《なかたにげん》氏（自民党・元防衛相）は5月18日夕刻、Choose Life Projectが実施したインターネットライブ番組に出演し、いわく付きの検察庁法改正案について、「（黒川検事長の定年延長が）突然、閣議決定で決まりましたということで、びっくりした」「国会の審議を見ていても、理由とか手続きに瑕疵《かし》はないとか、決定の基準はこれから検討しますということで、非常に許されない答弁が続いている。これでは国民の理解は到底得られないという気がします」と話した。

氏の後ろに見えていたのが「巧詐不如拙誠《こうさはせっせいにしかず》」との一幅。「いかに巧妙な嘘でも、たとえ拙くとも誠実な言動には敵わない」ことを教えている。世の中、こうありたいもの。

検察庁法の次

検察庁法改正案は、1人の女性が発した「#検察庁法改正案に抗議します」に寄せられた記録的な賛意、元検事総長ら14名による格調高き意見書、さらには元特捜検事有志38名による意見書等々による反対世論の高まりで、今国会での

採決断念、次期臨時国会送りとなった。まだ終わってはいない。廃案あるのみ。

毎日新聞（5月19日付、大阪版）には、「政府はツイッター上の盛り上がりなどを見て、危機感を持ったのだろう。世論が反映されたことは前向きに捉えており、『声が通って良かったな』という感じ」「新型コロナウイルス禍の中で種苗法改正案提出など『火事場泥棒』のような政府の動きもあり、今後も推移を見守りたい」との疋田万里《ひきたまり》氏（メディアプロデューサー）によるコメントが紹介されている。

「火事場泥棒は、検察庁法の次に種苗法を狙っていますよ」という、親切なアドバイスを謙虚に引き継ぐことにする。

江藤大臣、本当に大丈夫と思っていますか

日本農業新聞（5月20日付）によれば、江藤拓《たく》農相は19日の会見で、政府が今国会に提出した種苗法改正案に言及した。改正案は、品種登録時に利用条件を付け、優良品種の海外流出や育成した地域以外での栽培を制限できるようにするのが柱で、登録品種の自家増殖（採種）については許諾制にすることになっている。

現種苗法において、農業者の権利として保護されている自家増殖（採種）権を認めず、許諾制にすることには少なからぬ反対意見が出されており、すんなりとはいかない。

この点について江藤氏は、「注目が集まっているようだが、一般品種は何の制限もない」と語り、品目ごとに許諾制の対象にならない一般品種の割合を示し、「登録品種は多くない」とする。自家増殖（採種）の許諾制を取り入れるのは、かつてイチゴやシャインマスカットが自家増殖によって海外に流出した苦い経験に基づくもの。二度と起こさぬためにも、改正案の早期審議の必要性を強調している。

許諾料については、「一般品種が多いので、許諾料をいっぱい払わなければいけないといった状況は想定されない」とのこと。

記事では、品種開発を手がける国立研究開発法人の農研機構が、法改正後「料金を上げることはあり得ない」と述べていることを紹介している。ただしここは、公的機関であって、民間ではないことに要注意。

農家の負担は確実に増える

北海道新聞（5月12日付）の社説は、重要な知的財産にも関わらず、「現行法には海外流出を規制する条項がなく、法改正によって優れた国産ブランドの保護を図る趣旨」には賛意を示している。

しかし、「作物からの種取りや株分けは、長年認められてきた農家の権利」であり、それが規制されることには懸念を示し、「現場の生産意欲を奪うことのないよう、制度運用の在り方について議論を尽くしてもらいたい」とする。

さらに、自家増殖に際して開発者の許諾を得なければならなくなることに対して、「海外の巨大種苗企業が日本で品種登録し、高額な許諾料を設定する事態が頻発しかねない」ことを危惧する。

これは決して杞憂ではない。低コスト化による競争力強化をひとつ覚えで言い続ける安倍農政だが、明らかに精神的経済的負担を農家に課すことになる。

最後に、「農業従事者が減少し、食料自給率が低迷する現状にあって、農家の負担をこれ以上増やさない仕組みづくりが求められる。やみくもに民間開放を進める発想を転換し、品種開発で成果を上げてきた都道府県を改めて後押しする制度も必要」とする。

不要不急の種苗法

東京新聞（5月14日付）は、川田龍平《かわだりゅうへい》氏（立憲民主党・参院議員）が13日のオンライン記者会見で「国民に不要不急の外出は控えなさいとか言ってる時に、なぜ政府が不要不急の種苗法を通そうとするのか」と訴えたこと、さらに同法案が「企業の利益保護に偏りすぎて地域農業を守るという視点がない」ことを問題視し、登録されていない在来品種を目録にし、農家が自家増殖する「権利」を守る内容の「在来種保全法案」を今国会で緊急提案しようと急いでいることを伝えている。

同じコーナーで、鈴木宣弘《のぶひろ》氏（東京大教授・農業経済学）も、「多国籍企業が種苗を独占していく手段として悪用される危険がある」「種苗法が改正されると、農家は常に種を買わないといけなくなる。種のコストが高まる。『種を持つものが世界を制す』とはいう。これでは日本の食は守れない。南米やインドでは在来種を守ろうという抵抗が農家や市民から起きている。国民が知らぬ間の法改正はあってはならない。日本の市民はもっと関心を向け、引き戻しの議論をしてほしい」と訴えている。

有効な対策は「海外での品種登録のみ」

農民運動全国連合会（農民連）が呼び掛ける「種苗法『改定』の中止を求める請願署名」の【請願の趣旨】には、極めて重要な事実が記されている。

「農水省は今回の改正が『日本国内で開発された品種の海外流出防止のため』であることを強調しています。しかし、これまで農水省は、『海外への登録品種の持ち出しや海外での無断増殖を全て防ぐことは物理的に困難であり、有効な対策は海外での品種登録を行うことが唯一の方法である』としてきました（２０１７年11月付け食料産業局知的財産課)。今回、海外での育成者権の保護強化のために国内農家の自家増殖を禁ずることに何ら必然性はありません」江藤大臣と農水官僚には、「巧詐不如拙誠」の意を体して、丁寧な説明が求められる。
「地方の眼力」なめんなよ

種苗問題は「いのち」への問いかけ

(2020・05・27)

西日本新聞(5月17日付)によれば、「ご飯論法」の迷手で、「ですから加藤」とあだ名を有する加藤勝信厚生労働相が、新型コロナウイルス感染症対策を巡る「失言」への対応に苦慮しているそうだ。その失言とは、5月8日の記者会見で、「37・5度以上の発熱が4日以上続く場合を、事実上の検査基準」と見なしてきた受診希望者の認識を、「相談の目安が、受診の基準のようになっているのはわれわれから見れば誤解だ」と強調したことである。

先送りされた種苗法改正案に関する「誤解」

「誤解」という言葉は、聞き手側の「理解」能力に問題があることを臭わす、政治家が重用する責任転嫁の常とう句。日本農業新聞(5月23日付)によれば、江藤拓農水相も22日の閣議後会見で、種苗法改正案を巡り、「(ネットなどの意見で)農家が非常に厳しい立場に追い込まれるのではないかとの発言もあったと聞いているが、誤解がある」と、活用している。

政府・与党は、この改正案の今国会における成立を見送る方針を固め、次期臨時国会での成立を目指している。江藤氏は、「国民の皆さまに法案の必要性や疑念に思っている点は十分説明できる」と自信満々のご様子。

安倍首相や森法相を真似ることなく、真摯に、丁寧に、誤解を生ませない言葉と数字を提示して、説明されることを切に願う。

それでも改正に大義なし

中国新聞（5月25日付）の社説は、登録品種の種苗の海外流出防止策として、改正案の意義を認めつつも、「それと引き換えに農家に長年認められてきた自家増殖を制限する点」を問題とする。自家増殖に際しての許諾請求事務手続（精神的時間的コスト）、自家増殖を断念したときに生じる種苗購入費（経済的コスト）や「農業の多様性の喪失コスト」。これらのコスト負担による、「生産現場の意欲減退・喪失」を危惧している。

そして、「市場原理の中で開発者の保護を優先し、農家を種苗の『消費者』としてしか見ていないようにも映る」とした上で、「農業の発展は、その土地に根を張る小さな農家の存在あってこそである。そんな農家を守る視点が、知的財産を守る視点と共に必要ではないか。私たちの食を支える重大な問題である。政府は結論を急ぐことなく、農家の疑義や不安に答え、議論を深めなくてはならない」と、正鵠《せいこく》を射る。

京都新聞（5月22日付）の社説も、政府が２０１８年4月に主要農作物種子法を廃止したことを指摘し、その流れからも「種苗開発の主軸を公的機関から民間へと移そうとしているのは明らか」とし、「開発者の権利」と「栽培する側の権利」とのバランスを欠けば食の安定供給にもかかわってくることから、「重要なのは、政府が公共財としての種苗の役割を見失わず、農家を守る視点を持つことだ」と結ぶ。

危機感を募らせる国連世界食糧計画（WFP）

国連世界食糧計画（WFP）は21日、新型コロナウイルス感染症による経済への影響から、世界で食料不足に見舞われる人の数が、今年はほぼ2倍に増加して2億6500万人に迫る可能性があるとのリポートを発表した。新型コロナ関連で失われる観光収入、海外からの送金減少、移動その他の規制などにより、今年新たに飢餓に見舞われる人は約1億3000万人となる見込み。既にその状態にある人は約1億3500万人という（ジュネーブ、5月21日、ロイター）。

毎日新聞（5月27日付）には、WFPチーフエコノミストのアリフ・フセイン氏のインタビュー記事が載っている。これ氏は、「今回の感染拡大は（食料の）供給側と需要側の双方に同時に、グローバルな規模で打撃を与えている。これは過去に例がなく、先行きも見通せない。エイズや結核など、これまでの他のどの病気と比べても経済的な被害が大きい。パンデミック（世界的大流行）が終息するには数年かかるとも言われる中、農業部門には特別注意を払う必要がある。（物流が滞り）十分な種や肥料が手に入らなければ、作物を育てたり、収穫したりできない。病気そのものへの対応に加え、食料生産がきちんと継続できるようにすることが大切だ」と指摘する。

そして「政府は物資の輸出を禁止してはいけない。そういった行為は非生産的であり、他国に悪影響をもたらす。また、人為的に食料価格を上げてはいけない。失業などにより人々の購買力は以前よりずっと落ちている」と警告し、「新型コロナの問題は、世界中で場所や貧富、民族などに関係なく関わってくる。グローバル化され、各国の経済が密接に関わる中、自国だけ安全ということはあり得ない。世界中の人々が協力して問題解決に当たることが必要だ」と呼びかけている。

それでも進む食料囲い込み

残念ながら、フセイン氏をインタビューした同紙の平野光芳氏は、「3月以降、ロシアやウクライナ、ベトナムなどが農産物の輸出について上限を設けたり、禁止したりする措置を取った」ことを示し、「新型コロナの感染拡大で将来への不安が高まる中、自国に食料を囲い込む動きは既に出ている」とする。加えて、「現状では世界的に食料価格が高騰しているとまでは言えないが、過去には例がある。2007~08年にかけて、バイオ燃料向けの穀物需要増や、原油値上がりによる輸送コストの増大など多くの要素が重なり、世界的に食料価格が上昇。各地の貧困層を直撃した」ことを紹介している。

笑うに笑えぬ米国からの人工呼吸器輸入

「農業部門には特別注意を払う必要がある」「十分な種」「食料生産がきちんと継続できる」とのフセイン氏の指摘は、コロナ禍だから重要なわけではない。コロナ禍が世界中に突きつけた根源的な重要課題である。そして、世界中の人々の「いのち」の有り様についての問いかけである。

毎日新聞（5月27日）は、「新型コロナウイルスの感染が再び広がる『第2波』に備え、政府が米国から人工呼吸器約1000台を購入する調整を進めている」ことを伝えている。安倍首相が8日にトランプ氏と電話協議した際に購入を決めたそうだ。国内でも増産を進めているが、政府高官は「次に備えて持っておいた方がよいという判断だ」とのこと。

朝日新聞DIGITAL（5月25日19時17分配信）によれば、米政府から「つくりすぎて困っている」との打診に、「不足は起きていない」といったんは回答したが、トップ交渉でお買い上げ~。もちろん宗主様は上機嫌だったそうだ。

実質的植民地として生殺与奪の権を米国に握られている日本が、米製人工呼吸器の処分地となるとは、まさに象徴的出来事。

わが国の種苗を守ることの意義は、とてつもなく大きい。

「地方の眼力」なめんなよ

コロナ禍が教える地方と政治のありよう

（2020・06・03）

相談者（東京都・38）：コロナウイルスからどうやって子どもを守れば…。

美輪《みわ》明宏《あきひろ》氏：世界じゅうが同じ問題で頭を抱えている今の状況は、この地球上であまりないことですから、少しぐらいの我慢は当たり前と言わざるをえません。（省略）いま体験していることは、「地球規模で考える」ということを子どもに教える機会だと思います。あなたもよく勉強していっしょに考えることで、よい影響を与えることになるでしょう。（美輪明宏の人生相談、「家の光」7月号）

土台であり希望の場としての農業・農村

農業・農村の視点から考えるヒントを与えているのが、「地上」7月号に寄せられた二人の論考。

山下惣一《そういち》氏（農民作家）は、まずコロナ禍が教えてくれた最大のものとして、「田舎暮らしの安全安心であり、食を自給して生きることの盤石の強さ」をあげる。それを支える最適の手法として、家族農業における「一見、非効率、不合理のようだが、小規模複合経営」を位置づける。「それでは成長も発展もない」という意見に対しては、「それでよい」とする。なぜなら、「これは暮らしの土台であって、その土台の上に経済活動は乗っかっているのだ。土台ごと経済活動にしてしまうと、万一の場合土台から崩れてしまう。農業分野ではそんなリスクの高い冒険はしない」と喝破。ゆえにか、「国民の63％が外国からの輸入食料で生きている」状態を最大の心配事とする。

祖田修《そだおさむ》氏（京都大名誉教授）は、「今日の新型コロナ禍は『三密』（密閉、密集、密接）に警告を発しているが、それは大都市集中への警告でもある」が、「現代に生きるわたしたちは、都市的なものなしに、生きることはできない。都市と農村の結合、それもドイツ、続いてEU（欧州連合）がめざしている中小都市と農村の結合において、人間らしい暮らしが成り立つといえよう。その視野の中に、農業と農村、そこでの働き方、暮らし方、生き方が大きく浮かび上がってきている」ことを指摘する。

そして「農業・農村は、人々に新たな豊かさを約束する未来産業・未来地域、希望の場として見直されるであろう」と展望する。

地方の胎動への期待

土台であり希望の場としての農業・農村を主要な構成要素とする地方の進むべき方向について、三地方紙の社説が展開している。

秋田魁《さきがけ》新報（5月31日付）は、「コロナ禍を教訓として、東京一極集中の是正に本格的に取り組みたい」とする。「ぎゅうぎゅう詰めの電車に揺られて出勤することが、いかに大きなリスクとストレスを伴っていたか再認識させられた人も多かったのではないか」と問いかけ、「テレワークを試みた結果、(中略) 拠点を地方にシフトする企業が増えていく展開もあり得る。国や自治体はそうした動きを積極的に後押しするべきだ」と提言する。

そして「何よりも重要なのは大都市と地方の均衡ある発展」のために、「いま一度、知恵を結集したい」とする。

高知新聞（6月1日付）は、「高知県内に移住した人の数が2019年度、1030組（1475人）になり、初めて年間千組を超えた」ことを取り上げ、「人口減少に悩む高知県にとって、意味のある『千組突破』」とする。しかし「移住とは人生の決断」であり、移住相談は「いわば人生相談」であるため、「心」の部分が移住促進策の根幹とする。このことから、移住を「定住」にするために、これからはアフターケアの充実とともに、移住地を離れた人たちを対象に、その理由なども幅広く調査し、検証することを提案している。

そして、コロナ禍が東日本大震災の時と同様に、人々が生き方を見つめ直す契機となり、地方への移住熱が再び高まることを想定し、「先手を打つような県などの移住促進策」を求めている。

河北新報（5月31日付）は、岩手県北の自治体（久慈、二戸、葛巻、普代、軽米、野田、九戸、洋野、一戸の9市町村）が、「北岩手循環共生圏」（環境省が全国で提唱する地域循環共生圏の一つ）の構築に取り組んでいることを取り上げている。

まず「高度成長期以降の大量生産、大量消費は地球の温暖化や環境破壊、資源枯渇をもたらした。地域経済の視点から見ると、穴の開いたバケツで水をくむように所得を地域外に漏らし、地域をやせ細らすという結果を招いた」と分析し、「自然豊かな北岩手が率先して、再エネを基軸に経済を捉え直そうとしているのは当然」とする。これらの取り組みを契機に、「資本や人の東京一極集中を緩やかに逆回転させ、地域に戻していくような流れをつくりたい」と期待を寄せている。

そして、新型コロナウイルスの影響で苦境に陥った飲食店や企業を地元住民が支えようとする動きが広がっていることから、「地域の力をつなぎ合わせながら、足元から経済の在り方を見つめ直す時期が来ている」としている。

ムヒカ氏の教え

毎日新聞（6月3日付）は、「世界一貧しい大統領」と称されたウルグアイのホセ・ムヒカ元大統領のメッセージを紹介している。

氏は諭すように、「今は、『家族や友人と愛情を育む時間はあるのか?』『人生が強制や義務的なことだけに費やされていないか?』と自問自答を重ねる時だ。私は、人類が今の悲劇的現状から何かを学び取ることができると考えている。それが実現すればコロナ禍は人類にとって大きな糧になるだろう」と語る。

2016年に初訪日し、「ウルグアイの人口とほぼ同じ300万人もの人が毎日、ある駅を利用していた」ことに大きな衝撃を受けたことから、「日本人も都市開発について立ち止まって考え直す時期に来ているのではないか。これから生まれてくる人のため、少しだけ社会を大切にする気持ちを持ってほしい。世界には支援が必要な社会的弱者がいることも忘れないでほしい」と、核心を突く指摘。

さらに、環境破壊や天然資源の無駄遣いにより地球という「我々の家」が損なわれ、人類が生存を脅かされているという危機感から、大統領時代に環境・エネルギー政策に力を入れたことを紹介し、「各国独自の取り組みだけでなく、人類や地球を守る大きな観点から、過剰な都市開発を規制し、環境保護を進める有効な国際的枠組み作りが求められる」とも語る。

最後に、「人類は過去の世界的危機のたびに新しいものを生みだした。コロナ禍後の『新たな世界』で新たな視点から、（都市開発重視からの転換など）新たな価値観を発見する若者が出てくるのを期待している」と、若者に珠玉の言葉を贈っている。

これが本物の政治家の言葉だ

ムヒカ氏の人生がにじみ出てくる言葉の数々。安倍首相を頭とする、恥ずべき空前絶後にして抱腹絶倒政権には望むべくもない、本物の政治家の慧眼《けいがん》に感動する。

まずはまっとうな政治家を選び、まっとうな政治を取り戻すのみ。

「地方の眼力」なめんなよ

（2020・06・10）

適疎な地方的生活の価値

「コロナ以後の社会において自分にとって適切にまばらな度合いというのはどれぐらいなのか。僕はそれを〝適疎〟と呼んでいますが、適疎な場所とはどこなのか。自分にとって適疎だと思える場所を探し求めて移動し始めるということが起きるのではないか。あらためてその人たちを迎え入れて新しいタイプの地域をつくっていこうというきっかけになればと思っています」と語るのは山崎亮《やまざきりょう》氏（コミュニティデザイナー）（ＮＨＫおはよう日本、6月3日）。全国約２００の地域のまちづくりに関わってきた経験から、「自分にとって過密でも過疎でもない場所を選び取る時代」の到来を展望している。

適密ではなく適疎である点に興味をそそられる。なぜなら、適密は過密への誘惑から逃れられないからだ。

戦えるか知事会

適疎社会の形成には、地方自治体の果たすべき役割が大きい。

全国知事会が6月4日、オンラインで全体会合を開き、新型コロナウイルス対策の強化を国に求める提言をまとめた。

西日本新聞（6月5日付）は、提言のポイントを次の4項目に整理している。

（1）大都市部の人口集中は感染拡大リスクが高く、地方分散が必要。

（2）テレワーク環境の整備や、中央省庁の地方移転を進めるべきだ。

（3）新型コロナ特措法に基づく休業要請に従わない事業者への罰則を検討。

（4）多様な感染防止策を実施できるよう、知事の裁量権を拡大。

同紙（6月7日付）では、片山善博《よしひろ》氏（早稲田大大学院教授、元鳥取県知事）が、知事会のコロナ対策について一定の成果を上げたと評価しつつ、休業要請に伴う協力金で国の負担割合を明確にするなど「国と対等にモノを言えるルールをつくるのが知事会の本来の役目だ」との、期待するがゆえのコメントを紹介している。

そして飯泉《いいずみ》嘉門《かもん》会長（徳島県知事）が「われわれの権限については知事会の場でしっかりと方向性を打ち出す。（国と地方の）新しい在り方がコロナの気付きとして生まれている」と語ったことを受け、「国と地方の関係を『主従』から『対等』に変えようと定めた地方分権一括法の施行から20年。国と地方は感染症対策を機に、より対等な関係を築けるかどうかの転換点に立っている」と、記事を締めている。

また愛媛新聞（6月5日付）は、同会議に参加した中村時広愛媛県知事が、新型コロナウイルス感染者が発生した高齢者施設で介護従事者が不足した経緯に触れ、全国的な応援体制の構築を国に要望するよう検討してほしいと提案したことを報じている。

政治の不作為で地域医療を崩壊させてはならない

介護の現場同様、医療の現場にも切実な問題が生じている。

日本農業新聞（6月9日付）の1面には「JA病院窮地」という大見出し。コロナ禍により、地域医療を懸命に守る各地のJA病院の収入が激減し、経営が悪化していることを伝えている。

その典型例として詳しく紹介されているのが、神奈川県相模原市にある相模原協同病院。同院は、今年1月10日に日本で初めての新型コロナの陽性患者を受け入れ、2月上旬には横浜港に停泊していたクルーズ船の陽性患者も受け入れた。5月までに疑いも含め64人の陽性患者の治療に当たってきた。

感染症病棟のベッドは6床だったが、増え続ける受け入れ要請に、「断れない。患者の行き場なくなる」（井關治和《いせきはるかず》院長）と、急きょ緩和ケア病棟の12床も使った。約1000人の職員が24時間体制で地域医療を守ってきたが、患者数の激減、人員や資材への投資で4、5月は前年同月比で収入が4割の収入減。極めて深刻な経営難に直面しており、「存続が危ぶまれる」事態とのこと。

すでに同院の窮状を報じていた東京新聞（6月5日付）によれば、井關院長は「過去最大級の赤字が発生し、この状況が数カ月続くと経営が成り立たなくなる」と危機感を募らせ、「新型コロナに対応する病院の多くは公立だが、うちは民間。一月から対応してきた経験を生かし、今後の流行に備えながら安全な高度医療を提供するには行政の財政支援が不可欠。病院がなくなってしまっては元も子もない」と、訴えている。

国が手をこまねいていたら、危険と引き換えに得た貴重なデータを失うばかりか、地域医療の拠点を失うことになる。それは、「政治の不作為による地域医療の崩壊」を意味している。

コロナ以前は正常だったのか？

「コロナ以前は『正常』だったのか？」と問いかけるのは、佐伯啓思《さえきけいし》氏（京都大名誉教授）（西日本新聞、6月9日付夕刊）。氏が住む京都では、インバウンド政策が始まって以降、「住民の日常生活はかなり被害を受けた。聞こえてくるのは苦情ばかりであった」と嘆息する。

1960年代以降、都市生活こそが標準モデルとなり、「その後の経済は『不要不急』の生活によって成長してきた」とする。特にこの数年は、外国人観光客や多種多様のイベントやエンターテイメント、外食産業やグルメ、あげくの果てはカジノといった、「人を集めて快楽を与え消費につなげるという都市型の生活に経済の命綱が預けられた」と分析する。そして、コロナ禍がこの都市型生活を直撃し、政府によって不要不急のレッテルが貼られた、これら新手の産業が大打撃を受けた。それによって露呈したのが、「不要不急頼みの経済の脆《もろ》さ」とする。

脆さの実態は、「必要火急」すなわち「医療や日頃の養生、介護、教育、困窮事態に助け合える人間のつながり、必需品の自給等々」の絶対的不足である。

これら「必要火急」の財・サービスは市場経済にはなじまず、公共的なものであり、「本来、都市型生活というより、地方的生活にこそ適合するものなのである」と結び、地方的生活の価値に言及している。

アベノマスクいまだ届かず

現時点（6月10日早朝）でわが家に、アベノマスクは届いていない。特別定額給付金申請書は5月19日に届き、即日申請。6月4日にやっとご入金。マスクも当座の生活費にも困っていない身故に、ネタにして溜飲を下げているが、本来は必要火急のモノでありカネであるはず。政治は「不要不急」を語る前に、「必要火急」事項を可及的速やかに実践せよ。

「地方の眼力」なめんなよ

どこへ行ったの国難は

（2020・06・17）

2017年9月28日招集の臨時国会冒頭において衆議院は解散した。安倍晋三首相は解散の理由を、核実験と弾道ミサイル発射を繰り返す「北朝鮮による脅威」と、世界的にも前例のない速さで進むわが国の「少子高齢化」、これらを国難と位置づけ、国民と共に乗り越えていくことを問うためとした。

俗称「国難突破解散」だったが、加計学園問題や森友学園問題などの「疑惑隠蔽解散」であったことは衆目の一致するところ。

百歩譲って、ふたつの国難への対応は今どのような状況か。

「北朝鮮による脅威」への対応はどうだ

陸上配備型迎撃ミサイルシステム「イージス・アショア」を秋田県と山口県に配備する計画はストップ。

大臣になってから、人ではなく毒まんじゅうを食ったような言動が続いていた河野太郎防衛相は6月15日の記者会見で、「(迎撃ミサイル発射後に弾頭から切り離されたブースターを) 確実にむつみ演習場に落とせることにならないと判明し、(改修の) コスト、期間を考えると配備のプロセスを進めるのは合理的ではないと判断せざるを得なかった」と、殊勝な顔で語った。

もともといわく付きの配備計画 (米国製武器爆買い、ずさんな立地選定理由、そして住民説明会での担当官の居眠り等々)、ゆえに計画停止に止まらず撤回を求めたい。

多くの反対に対し、北朝鮮の弾道ミサイルの脅威を煽りに煽って進めてきた計画の頓挫。これを待っていたかのように、北朝鮮は16日午後、南北共同連絡事務所を爆破した。朝鮮半島の緊張が高まるなかでの、国家安全保障上の大失態。

配備候補地として翻弄されてきた秋田県の秋田魁新報は16日付社説において、「これまで配備候補地周辺の安全性を強調してきたにもかかわらず、前言を撤回することは無責任極まりない。配備に大きな不安を抱き、反対運動を続けてきた地元住民をはじめとする県民の政府に対する信頼は根底から失われた」と、怒りをあらわにする。

さらに「計画停止の表明を受け、再調査対象の国有地を抱える県内自治体の首長から『現実的に配備の可能性はなくなったと受け止めている』との声が出たのは当然だ」「これまでの政府の計画のずさんさや地元への説明の不誠実さには目に余るものがある。政府はこれ以上、地上イージス導入に固執するべきではない」と、容赦なし。

「少子化」への対応はどうだ

政府は、5月29日に「少子化社会対策大綱~新しい令和の時代にふさわしい少子化対策へ~」を閣議決定した。2019年に生まれた赤ちゃんの数が、統計開始以来はじめて90万人を割った「86万ショック」を踏まえてのものである。

南日本新聞 (6月14日付) の社説は、大綱が実現を明記した、若い世代が希望通りの数の子どもを持てる「希望出生率」1・8を取り上げ、「2019年の合計特殊出生率は1・36で、全国6位の鹿児島県でも1・63。希望を達成するには相当な支援が必要だろう」とする。

「未婚率の高い若い非正規労働者の正社員化を支援することなどで雇用の安定化を図り、望む時期に結婚や子育てができる社会にすることを基本的な目標」にしていることを妥当としたうえで、「出産年齢に当たる人口が既に細っている現状では、出生数のV字回復は期待できまい。何とか減少傾向に歯止めをかけることに知恵と財源を集中する必要がある」と、冷静に提案する。

そして、「コロナ禍で、経済は『100年に一度の危機』とされる。企業倒産の増加とともに雇用も急激に悪化している。政府は若い働き手を全力で支え、『国家百年の計』として少子化対策を着実に進めてほしい」と訴える。

信濃毎日新聞（6月14日付）の社説は、18年度時点に6・16％の男性の育休取得率を、25年には30％へと目標設定し、「実現のために育休給付金の引き上げを検討課題」としている点を疑問視する。

「育休給付金は雇用保険が財源だ。コロナ禍で企業の収入が落ち込む中、労使に負担増を求めることになれば実現は難しい」ことから、「若者や子育て世代が直面する現実もつぶさに把握しながら判断」せよとする。

さらに、「安心して選択できる社会をつくる責務は、第一に国にある」と、国の責任を強調する。

産みにくく、育てにくい国、日本

「公益財団法人1more Baby応援団」は今年4月に既婚者2954名を対象に「夫婦の出産意識調査2020」を実施した。注目すべき結果は次の点である。

まず「日本は子どもを『産みやすい』国に近づいている」かについては、「近づいていない」と答えた人（「あてはまらない」「どちらかといえば、あてはまらない」の合計）が70・4％にも及んでいる。

また、「日本は子どもを『育てやすい』国に近づいている」かについても、「近づいていない」と答えた人（「あてはまらない」「どちらかといえば、あてはまらない」の合計）が69・5%となっている。原因の上位3項目は「社会制度が整っていない」75・7%、「給与が低い（または上がる見込みがない）」59・5%、「保育・学校にかかるお金が高い」58・1%である。

少子化を本当に国難とするならば、すべきことは明らかである。

介護施設での悲劇

NHKおはよう日本（6月16日）は、新型コロナウイルスの感染が広がる中、札幌市にある介護老人保健施設「茨戸《ばらと》アカシアハイツ」で入所者の7割以上にあたる71人が感染し、このうちの11人が病院で治療を受けることなく施設内で亡くなったことを放送した。介護老人保健施設の感染者について、国は原則、入院という方針を示しているが、「搬送」が認められない中での悲劇である。感染者の最期をみとった現場の介護士Sさんは、当時の様子を語り、「割り切れない。今回の件はいつまでも背負っていかなければならない」と、涙ながらに語っていた。身体的接触が不可欠な施設で、感染者や職員の命を守るところまで制度が整備されなかった、と言えばそれまでだが、国難としての高齢化問題についても、口だけであった。

髙村薫《たかむらかおる》氏（作家）は「サンデー毎日」（6月28日号）で、「同じコロナ禍の下で必死に高齢者を守っていた約190万人の介護職の人びとのことを、私たちはすっかり忘れていたのではないか。高齢者はデモや暴動は起こさないし、障害者や路上生活者も同様に静かな存在ではあるが、そんな彼らに気づきもせず、あまつさえ民度が云々《うんぬん》とのたまうような政治家の跋扈《ばっこ》する社会が、いったい人間らしい暮らしの何に気づけるというのだろうか」と、鋭く問いかける。

俺らこんな国いやだ、俺らこんな国いやだ。安倍さん、やっぱり国難はあんただよ。#国会やめるな安倍やめろ！

民意に死角なし

（2020・06・24）

6月23日の沖縄全戦没者追悼式で、「20万人もの尊い命が無残にも奪われ、沖縄の誇る豊かな海と緑は容赦なく破壊され、焦土と化しました」と挨拶するのは安倍晋三首相。その瞬間も、現政権の手によって辺野古の海は容赦なく破壊されている。よくもまぁ、こんなスピーチができるもの。本人も、スピーチライターも揃いも揃った厚顔無恥無知族。

「死角」を問うても答える「資格」が無い農政

「見えないことは存在しないことではない」と言う、「交通教本」の教えから始まる日本農業新聞（6月20日付）のコラムのテーマは「死角」。コロナ対策について「事業の継続と雇用を、そして暮らしを守り抜いていく」と記者会見で語った安倍首相に、「死角はないか」、すなわち「たくさんの人が職を失い、たくさんの人が満足には食べられないのはなぜですか、そういう人たちが首相の目には映っていますか」と、尋ねたいと記している。

同紙1面に、「政府 輸出 家庭向け強化　コロナ対応 商品開発を支援」の見出しあり。

政府が19日、農林水産物・食品輸出本部を開き、新型コロナウイルスが世界的に広がっていることを踏まえた輸出拡大対策を示したことを伝えている。コロナ禍により、各国で需要の比重が外食から家庭食に移り、小売りやデリバリー（宅配）、電子商取引（ＥＣ）サイトでの販売が増えていることを受け、対応する商品開発や施設整備を支援し、人の移動が困難な中、オンラインでの商談会や越境ＥＣの活用を促す方針とのこと。

２０１９年の農林水産物・食品の輸出額は９１２１億円。これを30年までに5兆円にすることが目標。本部長の江藤拓農相は「現存する商流の維持、消費者の行動変容に対応し、輸出拡大に反転攻勢をかける」と意気込む。

3面には、自民党の塩谷立《しおのやりゅう》農林・食料戦略調査会長らが、首相に対して食料・農業・農村基本計画や農林水産物・食品の輸出を30年に5兆円とする目標の実現に向けた決議を申し入れたことと、自民党の農産物輸出促進対策委員会の福田達夫委員長らが江藤氏に、農林水産物・食品の輸出を農業者の「稼ぎ」につなげる仕組みを提言したことが紹介されている。

食料自給率37％という、この国の惨状から目を背けた、「死角だらけ」の農政がこの人たちによって展開されている。

被災地の農業再生に尽力せよ

「中山間地の気象条件などを生かし、農業などの基幹産業の再生を力強く進めてもらいたい」で始まるのは、福島民友新聞（6月23日付）の社説。舞台は福島県葛尾村《かつらお》。

東京電力福島第1原発事故による避難指示が出されたが、帰還困難区域を除き、２０１６年6月に避難指示が解除された。その後、震災前と同じように生活できる環境はほぼ整ったが、村民の帰還は3割未満。復興庁が昨年実施した住民意向調査では、「まだ判断がつかない」が2割、「戻らない」が3割。他方、１０９人の新規転入者の中には就農などで移住した人もいる。

基幹産業の農業は主力だったコメや畜産の再生が進み、養鶏、太陽光発電を使ったコチョウラン栽培など新たな取り組みが始まるとともに、東北大が村内に植物工場を開設し、マンゴーなどの栽培実証を行っているそうだ。

そのため、「農業を軸とした産業の活性化を図るため、村は国や県などと、担い手の育成や、法人化などによる経営基盤の強化を支援していくことが求められる」としている。

「アンダーコントロール」と叫ぶ大嘘つきとはソーシャルディスタンスをたっぷり取って、被災地の農業再生に向き合うことも農政の重要課題のひとつである。

沖縄の民意に死角なし

琉球新報（6月18日付）の社説は、琉球新報社が沖縄テレビ放送、JX通信社と合同で6月13、14日に実施した県民の意識調査結果に基づいた、興味深い内容となっている。その概要は次のように整理される。

（1）名護市辺野古への新基地建設については、「反対」「どちらかといえば反対」の回答合計が61・95％。「賛成」「どちらかといえば賛成」の回答合計が27・69％。

（2）普天間飛行場の返還・移設問題の解決策については、無条件閉鎖・撤去や県外・国外移設を求める回答合計が69・52％（内、「無条件に閉鎖・撤去」30・28％）。「辺野古に移設すべきだ」は17・13％。同紙が実施した最近の世論調査でも、「無条件に閉鎖・撤去」の割合が増えており、「新基地は必要ないという認識が広がりつつあるためだろう」としている。

これらから、辺野古新基地建設に対し、「反対の民意が強固であることが改めて浮き彫りにされた」としている。

（3）玉城《たまき》デニー知事については、「支持する」61・55％、「支持しない」21・31％。

この支持率が新基地建設反対の回答とほぼ同じ数値であるため、基地問題の解決を玉城知事に託しているものと推察している。

（4）安倍内閣については、「支持する」18・73％、「支持しない」66・33％。
この結果に対しては、「7割超が埋め立てに反対した県民投票の結果や知事選、国政選挙などで示された新基地反対の民意を踏みにじってきたことへの反発が如実に表れた」ものとしている。

やはり民意は地方にあり

共同通信社が5月29〜31日に実施した全国緊急電話世論調査で、安倍内閣の支持率は39・4％だった。琉球新報の社説は、「沖縄の2倍以上の支持がある」ことを「基地問題を巡る沖縄と本土の意識の差」とする。そして、「多くの県民の反対を無視して埋め立てを強行する安倍政権の振る舞いを、県外の人々にも広く知ってもらい、認識の共有化を図る必要がある」とする。

なぜなら、それは「対岸の火事」ではないからだ。沖縄での手法が一般化すると、「反対意見は黙殺し、（中略）いずれ国策の名の下に、原発から出る高レベル放射性廃棄物（核のごみ）最終処分場の建設さえも強行されかねない」と危機感を募らせ、「そんな暴挙が横行すれば、もはや民主国家とは言えなくなる。そのような未来は何としても避けたい」と、訴える。

もうひとつ興味深い調査結果がある。長野県世論調査協会とJX通信社が5月30、31日に共同で実施した長野県民意識調査においても、安倍内閣の支持率は18・6％であった。それぞれの理由で現政権に退場を願っている「地方」は少なくない。

「あなたがあの時　私を見つめたまっすぐな視線　未来に向けた穏やかな横顔を　私は忘れない　平和を求める仲間として」は、沖縄の追悼式で高校3年生の高良朱香音《たからあかね》さんが読み上げた平和の詩「あなたがあの時」のむすびである。

感謝されずとも、「あなたがあの時、傍観者だったから…」と詰《なじ》られない人生を送りたい。平和を求める仲間として。

税金は毒まんじゅうと化す

（2020・07・01）

(1)給付金の全額に、不正受給の日の翌日から返還の日まで、年3%の割合で算定した延滞金を加え、これらの合計額にその2割に相当する額を加えた額の返還請求。
(2)申請者の法人名等を公表。不正の内容が悪質な場合には刑事告発。
とは、新型コロナウイルスの影響で売り上げが減った事業者に国が支給する「持続化給付金」の不正受給への対応。運営業者の中抜きは不問に付すが、「国民を見たら不正行為者と思え」、ですか。

「黒いカバン」を思い出す

西日本新聞（6月30日付、長崎南版）には、記者が長崎市内の申請会場を取材した際、会場の担当者に運営する業者がどこなのか尋ねると、「上の方針で答えられない」といわれたそうだ。給付金の申請者にも取材と同じく基本的に明かしていないとのこと。「申請に使うのは確定申告や預金通帳の写しといった大切な書類。いくら国から委託されたとはいえ、素性も明かせない人に渡すのは、私だったら怖くてためらってしまう」と、記者は記す。特に、今の国ならおさらだ。
こんなエピソードを見聞するたびに、泉谷しげるの「黒いカバン」（作詞岡本おさみ）を思い出す。「黒川のカバン」ではない。
黒いカバンを持った主人公に、警官が職務質問をする。やり取りのあらましは次の通り。
警官：そのカバンをみせてもらいたい
ぼく：見せたくないですね
警官：おまえは誰だ
ぼく：あなたのお名前は
警官：それはいえない
ぼく：それは変ですね　人は会ったなら　まして初対面なら　お互に名のるのが最低の礼儀でしょう
警官：なに！　…まあ今度だけは許してやる
といったので、ぼくも、今度だけは許してやるといってやった♪

配り方は河井夫妻に聞け

中国新聞デジタル（6月29日付）によれば、新型コロナウイルス対策で全国民に一律10万円を配る特別定額給付金で、広島市の給付率が17・5％（22日時点）にとどまっており、なかなか届かない現状に、広島市民から不満の声が上がっているそうだ。

広島市（対象世帯57万）の給付率は20政令市で9番目の高さ。最も給付率が高いのは熊本市（35万世帯、91・8％）で、最も低いのが大阪市（152万世帯、3・1％）。相対的に見れば特段の低さではないが、そもそも早急に給付されるべきものである。

市は、問い合わせが続くため、22日から給付時期の目安を市のホームページに掲載。申請書を処理する人員も従来の1・5倍にした。市総務課長は「市民の生活、命に関わる給付金であり、1日でも早く届けられるよう努める」と話している。

河井《かわい》克行《かつゆき》・案里《あんり》夫妻が気前よくお金をばらまいた広島県。その県庁所在地で、10万円給付がこんなに遅れているとは、皮肉なことである。

朝日新聞DIGITAL（6月30日21時36分）によれば、夫妻が公職選挙法違反（買収）容疑で逮捕された事件をめぐり、広島県議会議長で自民党県連副会長の中本隆志氏の怒りが、党本部に向かっているそうだ。

中本氏は、河井夫妻側に党本部が1億5000万円を支出したことを問題視し、加えて参院選公示前から安倍晋三首相の秘書が県内を回っていたとした上で、党公認の現職を応援していた企業に対し、『今回は案里さんを』と頼んだのは間違いない」と断言。「中央と地方」の分断を招いたやり方に、「二度とこんなことはしてほしくない。なぜここまで身内に対してしたのか。憤り以上のものを感じる」と、怒り心頭。広島県政界は「底なし」の混乱状態といえよう。もちろん、原因と責任は自民党にあり。

恐怖の源

中国新聞デジタル（6月24日配信）によれば、この買収事件は安倍案件。そのことを教えてくれたのが、繁政秀子氏（取材時広島県府中町議、6月29日辞職）。

繁政氏は、参院選公示前の昨年5月、案里氏の選挙事務所で、克行氏から呼ばれ、現金30万円が入った白い封筒を渡された。気持ちの悪さを感じてすぐに「いただかれません。選挙できんくなる」などと断ったが、「安倍さんから」と言われ、押し問答の末に受け取ったそうだ。自民党支部の女性部長として、「安倍さんの名前を聞き、断れなかった。すごく嫌だったが、聞いたから受けた」と振り返っている。

たぶん安倍氏は、「河井氏が勝手に自分の名前を語ったもの。もしも、そうだったら、これはもう、私は総理大臣も、それはまあ、間違いなく、総理大臣も国会議員も辞めるということは、はっきり申し上げておきたい」って、言うかな～。

斎藤美奈子氏（文芸評論家、東京新聞7月1日付、本音のコラム）は、森友案件、加計案件をこの事件に類似した事例として取り上げ、「首相の名前が脅しの切り札になる国。ほとんどホラー映画である」と、斬る。やはり演者はアホラーですか。

同紙によれば、6月30日に、両容疑者にも期末手当がそれぞれ約319万円支払われたそうだ。止められまへんな～。

さらにその記事の隣には、30日に開かれた自民党総務会で、党本部が河井案里氏陣営に1億5000万円提供したことについて、出席議員から経緯を明確にするよう意見が出たことが紹介されている。

鈴木俊一《しゅんいち》総務会長は「何らかの形で、党員が抱いている疑問や不満に答えなければならない」と語っているが、広島県民はじめ国民に対しても説明責任を負っている。何故なら、政党助成金となった税金が、買収資金に変態した可能性があるからだ。

JAグループは大丈夫!?

中国新聞デジタル（6月30日配信）によれば、JAグループ広島の政治団体は昨年7月の参院選で落選した溝手顕正《みぞてけんせい》氏を推薦し、案里容疑者を「支持」した。会見で団体の会計責任者である横山英治専務理事は「県域の中でバランスを取って支持した。このようなことになり非常に残念だ」と語っている。

河井克行・案里謹製の「毒まんじゅう」を有り難くいただいたJA関係者がいないことを願うばかりだ。

何せ、「お金を配らなければ地方議員の皆さんとか、みんな協力してくれないから、みんなやってるんだから配りなさい」と、言われたことを金子恵美氏（元自民党衆議院議員）が各種メディアで語っている。現政権と愚ろな組織は腐敗する。

「地方の眼力」なめんなよ

（2020・07・08）

ユリコアラート

「投票するに当たって、最も重視する基準は何ですか」との問いに対して、最も多いのが、「政策」25・2％。これに、「リーダーシップ」21・3％、「新型コロナウイルス感染症対策」14・6％が続く。これは東京新聞が、6月26日から28日に東京都内の有権者を対象に実施した「東京都知事選 世論調査」（回答者数1030人）の結果。同紙6月30日付が結果概要を報じている。

問われる東京都民の見識

「東京都知事選 世論調査」の結果概要において、さらに次の2点に注目した。

（1）「小池百合子知事の4年間の都政をどう評価しますか」という問いに対しては、「評価する」22・8％、「どちらかと言えば評価する」57・8％、「どちらかと言えば評価しない」11・6％、「評価しない」6・9％、「分からない・無回答」0・9％。大別すれば、8割の人が評価している。

（2）「東京都の新型コロナウイルス感染症対策を評価しますか」という問いに対しては、「大いに評価する」10・4％、「ある程度評価する」60・3％、「あまり評価しない」23・0％、「全く評価しない」5・3％、「分からない・無回答」1・0％。大別すれば、7割の人が評価している。

タイミングよく、ベストセラー『女帝 小池百合子』（石井妙子著、文藝春秋）を読んでいた者にとっては、目を疑う高評価。思わず、「これはフジテレビと産経新聞による世論調査では？」、と思った次第。

選挙結果は、東京新聞の世論調査に偽りなし。落選した山本太郎氏（れいわ新選組代表）に「いやー、強かった。百合子山。高かった百合子山、という感じです」と言わしめた、『女帝』の名を汚さぬ圧勝。

でもそれでいいのだろうか。

初当選時の「七つのゼロ」という公約は、ほとんど達成されていない。カタカナ好きならではの「東京アラート」も、立候補前日に科学的根拠不明の解除。それを待っていたかのように連日100人を超える感染者。どこを見ての評価なのか、都民の見識に疑問を禁じ得ない。

「いやいや、小池氏には都民にしか分からない良いところがあります。そもそも、都民が選ぶ都知事ですから、地方の方は関係ないです。余計なケチは付けないで！」と、お怒りになる方もいるはず。しかし、東京都はこの国の首都です。都知事の言動は全国に、そう地方に否応なく影響を及ぼすのです。その逆の場合、すなわち道府県知事の言動が東京都にどれほど影響を及ぼすか、と比べればご理解いただけるはず。

地方紙の社説が見た小池再選

小池再選を地方の立ち位置から論じた社説の中で、最も核心を突いているのが北國新聞（7月7日付）。タイトルはズバリ「小池都政2期目　地方創生をどう進めるか」。

まず、都知事選を「首都の望ましい姿を問い直す機会でもあった」と位置づける。そして「全国知事会は、一極集中の危険性が明確になったとして『新次元の分散型国土』の形成を提言したところである。しかし、小池氏はそもそも東京一極集中の是正に反対の立場」だったので、「地方創生という国全体の課題に東京都はどう取り組むのか、小池氏の考えを聞かせてほしい」とする。

東京都が2015年に策定した「東京と地方が共に栄える、真の地方創生を目指して」と銘打った総合戦略で、「▽五輪を機に受注機会を地方に拡大▽東京から地方の魅力発信▽各地と連携して外国人観光客誘致など、さまざまな共栄策を打ち出している」ことを紹介しうえで、「戦略の最大の狙いは、東京の活力を高めることであり、首都機能の移転などは眼中にない」と、斬る。

さらに、「都の税収減になることから、自治体間の財政格差是正を目的にした法人税改革やふるさと納税制度に一貫して背を向けている。2019年7月、富山市で開催された全国知事会議で、東京一極集中の是正に向けた地方創生の取り組みをうたった提言に小池氏が反発し、文言が一部修正されたことは記憶に新しい」と、追及の手を緩めない。

そして、「小池氏は公約で『グレーター東京』（大東京圏）なる構想も掲げている。権限と財源セットの地方分権をめざすと強調しているが、政府方針に反して東京圏のさらなる拡大を意図しているようにも解釈できる。コロナ禍で芽生えた地方分散の流れを阻むことがあってはならない」と、とどめを刺す。当コラム、思わず快哉《かいさい》を叫ぶ。

山陽新聞（7月7日付）は、「一極集中がさらに進み、地方にも大きな影響を与える首都の選挙としては、論戦があまりに低調すぎたと言わざるを得ない」と、地方との関係性に自覚が乏しい選挙戦に失望の意を表す。新型コロナウイルス感染者が選挙告示後に増え始め、終盤には連日100人を超えたことをとりあげ、「東京で感染が広がれば、地方に波及するのは間違いない。都だけの問題ではない。心して取り組んでもらいたい」と、注文を付ける。

そして、「コロナ禍では、首都の過密が感染防止にとって大きなネックになっている。（中略）分散型の国土づくりを含め、首都を取り巻く問題は国政にとっても最大の課題である」として、首都のかじ取り役が担うべき重責への自覚を求めている。

神戸新聞（7月7日付）も「東京の施策は地方の将来にも影響する。役割の重さを自覚し、実績で力量を示してもらいたい」とする。

西日本新聞（7月7日付）は、「新しい対策や標語には熱心だが、以前の政策検証はおざなりになりがちだ。パフォーマンス優先という批判も根強い」と苦言を呈し、「首都の行政は地方自治をリードする模範の面もある。着実な実行と説明責任を尽くす姿勢で都政を展開してもらいたい」と、課題を提示する。

地方は東京とソーシャルディスタンスをとれ

「公約は少しも果たそうとしない。その典型は築地市場の豊洲移転である。あれほど記者会見で『築地にも市場機能を残す。五年後には希望する仲卸業者さんが築地に戻れるように都がお手伝いをする』と語りながら、『言っていない』の一言で済ましてしまう。（中略）しかも、自分の心変わりを認めず、豊洲移転を自分の決断だとはされぬように、判断を下したのは農水省や都の専門家会議であると責任を押しつけた」とは、『女帝』終章からの抜粋である。

当コラム、これだけでも、知事の任に値しない人間と判断したが、現実は大きく違っていた。３６６万人もの都民が信じて、託したとすれば、都民にも選んだものとしての責任を果たしていただかねばならない。ユリコノウイルスが都外に流失し、地方を汚染させないように、都内に封じ込み、徹底した監視下のもとで知事の重責を果たさせることである。

もちろん地方も、東京都とこれまで以上のソーシャルディスタンスを保ち、徹底した感染予防策を講じなければならない。

「地方の眼力」なめんなよ

（２０２０・07・15）

コロナ禍から地域医療を守れ

一時金速報　★昨夕の団体交渉で夏期一時金回答出る★　「今期の上半期賞与は支給しない！」との回答

大学当局「コロナ感染の影響で収支は昨年同時期対比で30億円のマイナス。支給する要素が全くない。やむを得ない措置だと考えている」と平然と答弁

これは、東京女子医科大学労働組合の「組合だより」（6月12日付）の見出し。

最低賃金は上げなさい

コロナ感染による大幅収入減は、附属病院を抱える大学では共通の問題。にもかかわらず「夏期一時金も支給ゼロ」が東京女子医科大学だけであることを6月16日付の「組合だより」は伝えている。さらに、「今回の夏期賞与なしは本当に辛いです。コロナ対応で感染のリスクを負いながら働いていました。それなのに夏期賞与なしだと辞めたくなります。ここまで職員を大切にしないのかと驚きました。ここで長く働こうとは思えないです」（20代・女性・看護師）という、組合員の悲痛な声も紹介している。

毎日新聞（7月14日付）の社説によれば、厚生労働省の審議会で、今年度の最低賃金の目安が議論されている。「最低賃金には、生活できる水準の賃金を保障する役割があり、すべての労働者に適用される」という重要な役割が課せられている。安倍政権も「早期に全国平均で1000円を目指す」方針を掲げている。しかし今年は、経営者側は業績悪化を理由に凍結を求め、政府も、雇用を守ることを最優先課題として引き上げに慎重、とのこと。

社説子は、「時給900円ではフルタイムで週40時間働いても、年収200万円に届かない」ことを強調する。さらに、「コロナ下では、医療・介護や飲食・小売りなど生活に欠かせないサービスを担う『エッセンシャルワーカー』の重要性が再認識された。この中には、最低賃金に近い給与で働く人も少なくない」として、「感染リスクが高い仕事に対し、それに見合っただけの賃金が支払われているのか、社会全体で問い直すべきだろう」と、訴える。

「リーマン・ショックや東日本大震災の後も、最低賃金は引き上げられた。新型コロナを理由に、安易に抑制することがあってはならない」とする締めの言葉を、世の経営陣や政府関係者は銘肝《めいかん》すべきである。

医療を効率性で語るな

農業協同組合新聞（7月10日付）において、中村純誠《じゅんせい》氏（JA全厚連理事長）は、JA厚生連病院が公的医療機関の一つとして、コロナ禍において果たしている役割や、浮き彫りになった切実な政策課題などについて語っている。

厚生連病院の多くが、「地域の中核病院として必要な役割を発揮」してきた反面、「経営面では厳しい状況に追い込まれています。この4、5月の2か月で164億円のマイナス収支となっており、病院経営にとって痛手」を被っているとのこと。しかし、「医療崩壊が起こると地域が崩壊」するため、政府に再三支援を要請しているそうだ。「コロナ禍で、やるべきことを懸命にやるほど一般患者が減り、経営が厳しくなる。こんな理不尽なことはありません」との言葉は、予想していたとはいえ切実で重い。

困難な状況下においても、粉骨砕身の努力をしている地域医療の砦に対して、厚労省は「効率性」という観点から全国の病院の統廃合を打ち出している。

この点について、中村氏は「一定のダウンサイジングは避けられない」とした上で、「大規模な総合病院と同じエリアにある小さい病院は診療所に転換し、総合病院と連携することが考えられます。これを厚生連病院だけでなく、他の医療機関とも連携を取りながら進めていくことも必要になる」と、柔軟な姿勢を示している。

しかし、JAとの連携に関連して、「医療事業や健康管理活動は、JAのなかでもっと取り組まれてもよい活動」とした上で、「国は病院の統廃合を唱えていますが、健康診断や健康相談など、JAは数字に出ない活動を行っています。それをみないで非効率だというほど医療は単純なものではない」と、医療を効率至上主義で判断することがいかに浅はかであるかを指摘する。

医療崩壊した地方に移住する者なし

農民（7月13日付）で、松尾晃氏（全国厚生連労働組合連合会書記長）は、コロナ禍でJA厚生連病院が果たしている役割、それにもかかわらず受けている打撃、そして今後の政策課題などを記している。

まずは、病院や病院関係者に生じた主な出来事を列挙する。

関係者は緊張とストレスを抱えて働いている。多大なコストや人員配置を迫られている。かなりの風評被害が起きた。検診事業の中止や患者の減少。一月あたり億単位の収入悪化になった病院もある。今のところ約6割の県では夏季（ママ）一時金の水準は維持されている。今後も受診抑制やコロナの第2波・3波が起これば、人件費削減などの厳しい「合理化」や診療維持問題が生じる。病院関係者への差別的対応（ホテルや美容室の利用拒否。保育園利用への「自粛要請」。公園で遊ぶことへの注意など）。帰宅への躊躇《ためら》い。コロナ患者受け入れへの苦情電話。患者との面会制限へのクレーム。マスクやガウン等の物資不足。コロナ病棟担当になるなら辞めるという看護師。「志願兵」を募集するような師長命令の強制。一般病棟における人手不足や夜勤日数の増加など労働条件の院内格差発生による職員間の不信感や分断。現場における「心が折れる」事態の広がり。

これらを踏まえて、松尾氏は、抜本的な対策を講じなければ、「医療分野からの労働者の流出は避けられない」、それも地方ほど深刻化するとして、警鐘を鳴らす。

そして、「国が『地方創生』をうたうのであれば、人々の生活・成長に欠かせない医療・介護や教育・保育の充実、農業などの1次産業や生活・医療資材などの国内産業の復興によって、人々が地方に集まり、安心して生活できるように、今こそ国の根本的な政策転換が求められているのではないかと思います」と、安心して暮らせる地方づくりへの政策転換を求めている。

「Go　To　キャンペーン」が地方にもたらす禍

今、大ブーイングのなかで「Go　To　キャンペーン」が行われようとしている。

東京新聞（7月15日付）で、安田二朗氏（長崎大感染症共同研究拠点教授・ウイルス学）は、「特に都会から地方にウイルスを持ち込む事態は避けられないといけない。地方は医療が乏しい地域が多いから」と、このキャンペーンにブレーキをかける。

「地方経済を活性化させたいなら、感染リスクと戦って奪い取れ」と言わんばかりの、人命や地域医療を軽視する愚策。

愚かな政権が全国にまき散らす禍を、心から歓迎する地方の経済人はいない。

「地方の眼力」なめんなよ

（2020・07・22）

「新たな日常」まで指図するな

『新しい生活様式』という言葉に抵抗を感じる一人」の水島広子氏（精神科医）は、東京新聞（7月18日付夕刊）の「紙つぶて」において、「ワクチンもない今、生活の形態が変わることはやむを得ない」が、「人生において重要なことは『ウイルスの感染拡大を防止すること』だけではない」とする。そして、「あまりに公的に『新しい生活様式』と言われると、生き方や価値観を押しつけられている感覚になる。この全世界的な出来事を経て、どのように生きていくかは、衛生問題に限らず、それぞれが考えていく性質のものだと思う」と記している。

エッ？「新たな日常」

7月17日、「経済財政運営と改革の基本方針2020〜危機の克服、そして新しい未来へ〜」（骨太方針2020。以下「骨太」と略す）が経済財政諮問会議での答申を経て、閣議決定された。

37ページにわたる本文において、「新しい生活様式」というフレーズは4回出てくる。それも「」なしで。代わりに「」付きで頻出するのが「新たな日常」。もくじを除いた本文中に35回（内、見出し12回、文中23回）も出てくるキーフレーズである。ところが、最初に出てくるのは、「新たな日常」に近似した「ニューノーマル」というフレーズ。これは3回。

Google翻訳は、〝new normal〟を「新しい通常」、〝new normal life〟を「新しい通常の生活」と和訳する。

第1章の2．ポストコロナ時代の新しい未来、において、

――各国ともポストコロナの「ニューノーマル」の在り方を模索する競争を展開している状況の中で、（中略）今回の感染症拡大で顕在化した課題を克服した後の新しい未来における経済社会の姿の基本的方向性として、「新たな日常」を通じた「質」の高い経済社会の実現を目指す。すなわち、変化を取り入れ、多様性を活かすことにより、リスクに強い強靱性を高めながら、我が国が持つ独自の強み・特性・ソフトパワーを活かした「ニューノーマル」のかたち、「新たな日常」を構築していく。

と、「ニューノーマル」と「新たな日常」が同義であることを示した上で、「それを通じて、付加価値生産性を向上させるとともに、成長の果実を広く分配する中で、誰ひとり取り残されない、国民の一人一人が『包摂的』で生活の豊かさを実感できる『質』の高い持続的な成長を実現していく」と、高らかに宣明する。

目指すのは、つぎの3つが実現した社会とのこと。

○個人が輝き、誰もがどこでも豊かさを実感できる社会

○誰ひとり取り残されることなく生きがいを感じることのできる包摂的な社会
○国際社会から信用と尊敬を集め、不可欠とされる国

もちろん非の打ちようのない理想社会ではあるが、その実現のためには、「感染症拡大への対応と経済活動の段階的引上げや激甚化・頻発化する災害への対応を通じて国民の生命・生活・雇用・事業を守り抜くとともに、『新たな日常』の実現を目指す必要がある」そうだ。しかし、その実現が大変なことは言うまでもない。

また、新型コロナ対策としての性格が強かった「新しい生活様式」が、高次元の「新たな日常」にまで展開されねばならない理由や、その道筋について明らかにはなっていない。

付け焼き刃の骨太に用はない

それでは、北海道新聞と中国新聞の社説が「骨太」をどのように論評しているのかを見る。

真正面から斬り込んでいるのが、北海道新聞（7月18日付）である。

「『新たな日常』『ポストコロナ時代』―。スローガンばかりが踊り、付け焼き刃の印象が拭えない。これのどこが『骨太』なのか」には、冒頭より胸のすく思い。

「遅れているデジタル化や人口密集のリスクに切り込むのはもっともではある。ただ、これらはこれまでも骨太方針などに盛り込んだのに、遅々として進まなかった。その原因を検証することなく場当たり的に目玉政策に据えても、掛け声倒れに終わりかねない。求められるのはあらゆるリスクに対応できる社会への変革だが、総花的な方針からは安倍政権のそこに向かう意志が感じられない」と、厳しく迫る。

「行政のデジタル化」についても、「背景にある書面主義や縦割り組織などが変わらなければ、変革は望めまい」とする。

「検査・医療体制の充実やワクチン開発の加速などをうたうが、目先の対策で既出のものだ。必要なのは、人員も予算も減らしてきた感染症対策の脆弱《ぜいじゃく》な体制を今後どうするのかという視点である」として、将来像が見えないことを嘆く。

中国新聞（7月19日付）は、東京一極集中の是正を取り上げ、「地方の側が繰り返し訴えてきた問題である。人口密集による感染リスクを今回、誰もが肌で感じたに違いない。地方の就労環境の整備やテレワークの定着といった後押しくらいでは、新味にも本気度にも欠ける。コロナ禍で、世界中の政治から経済から、一人一人を取り巻く社会環境が一変しつつある。国民の間に横たわる不安は、何も拭えていない」と、厳しい指摘。

さらに「時代の転換点に立っている現在地を自覚しつつ、長い目で先行きを見通していく姿勢は欠かせない。にもかかわらず、今回問われているはずの長期戦略が見当たらない。一体、どうしたことだろう」と嘆息し、「骨太方針はもはや、役割を終えたのではないか。それは違うともし政府の側が言うなら、導入後20年の成果と課題を検証しておく必要があろう」と、現政権が忌避する検証作業を求めている。

その上で、「利益至上主義の目立ったグローバル経済や大都市への人口集中といった現状の見直しは今をおいてあるまい」として、国民が安心でき、納得のいく針路の提示を求めている。

そもそもコロナ対策が評価されていません

共同通信世論調査（7月17〜19日実施、回答者1041人、回答者率49・7％）において、政府の新型コロナウイルスへの対応の評価を問われて、59・1％が「評価しない」と回答。毎日新聞と社会調査研究センターが実施した世論調査（7月18日、回答数1053件）において、同様の問いに対して、60％が「評価しない」と回答。図らずも両世論調査で6割が評価していないことが分かった。

評価されていない、当然信頼されていない政権から、耳触りの良い言葉で、ポストコロナ社会を語られても、共にいばらの道を歩んでいこうという気にはならない。ましてや、生き方や価値観を押しつけられるのは、断固拒否。「地方の眼力」なめんなよ

（2020・07・29）

バ・カ・チ・オ・ン!

V・A・C・A・T・I・O・N 楽しいな!♪ この歌でヴァケーションのスペルを覚えた人も少なくないだろう。1962年、各社競作で出された「ヴァケーション」を20万枚売り上げたのが弘田三枝子《ひろたみえこ》さん。当コラム9歳の頃だが、歌唱力とパンチの効いた歌声、はじけるような明るさを覚えている。その彼女が7月21日になくなっていた。それが伝えられたのは7月27日。

ワーケーションも利権の産物か

何の巡り合わせか、その27日に開かれた政府の観光戦略実行推進会議で、菅義偉官房長官は、ヴァケーション（休暇）とワーク（仕事）を組み合わせた造語「ワーケーション」の普及推進に取り組む考えを示した。要するに、旅先で

休暇を愉しみながらテレワークすること。それが、「新しい旅行や働き方のスタイル」で、ホテルや旅館のＷｉ－Ｆｉ環境の整備を支援するとのこと。

批判続出の中で強行されている「ＧｏＴｏキャンペーン」とともに、この「ワーケーション」も新型コロナウイルスの影響で低迷する観光業界への支援策である。

「ＧｏＴｏキャンペーン」といえば、その強力な推進役二階俊博《にかいとしひろ》自民党幹事長は、業界団体の一つ「全国旅行業協会」の会長で、当該業界の「族議員」と目されていることを、東京新聞（7月28日付）が伝えている。また、「二階氏が代表を務める自民党和歌山県第三選挙区支部の政治資金収支報告書によると、全国旅館政治連盟と国観連政経懇話会、旅館ホテル政経懇話会が12年以降、計４７０万円を献金している」ことや、「安倍政権が進めるインバウンド（訪日外国人）政策の実質的な責任者が菅義偉官房長官」（政治ジャーナリスト・鈴木哲夫氏のコメント）であることを紹介している。

結局、利権がらみのごり押し政策か。国民をコロナ感染の危険にさらしてまでも吸いたくなる甘い汁は、彼らの媚薬と言えよう。

ワーケーションはヴァケーションを破壊する

自らの体験に基づけば、平時においても、「ワーケーション」が広がることはない。それどころか、広げてはいけない愚策。

たとえば、このコラムの締切りが切迫した時に旅行が重なったとする。旅支度で欠かせないのがＰＣ本体と関連機器。これらの重量はかなりのもの。さらに重いのは、仕事があるという精神的負担。純粋な旅行とは明らかに違う。

つぎに、宿泊場所などでのＷｉ－Ｆｉ環境。これはかなり整備されている。未整備の所でも、スマートフォンにオプションでテザリング（tethering）機能を付けたら、インターネットとの接続は可能となる。故に、「Ｗｉ‐Ｆｉ環境の整備支援」の必要性は極めて低い。国立公園内での整備も検討しているようだが、カネのためなら何でもやる無粋な連中だね。

ここまではひとり旅の話。家族旅行でのワーケーションの場合、仕事オーラを出してちょくちょく電話をしたり、ＰＣとにらめっこしてブツブツ言う異物がいて、心底楽しめるわけがない。トラブルでも発生したら、目も当てられない。ワークもヴァケーションも、すべてパァ。そんなこともイメージできない菅ちゃんも役人も、皆さんまとめて立派なパァ。

この際言わせてもらうが、純粋にヴァケーションを愉しもうとする人にとっても、ワーケーションで来る客は、艶消しの迷惑な存在。新幹線車中で、仕事してますモードでＰＣのキーボードを叩いている人を何回注意したことか。まして、カネと時間を捻出し、心身のリフレッシュのためにリゾート地などに滞在している者にとっては、目障り、耳障りな存在そのもの。

結論。ワーケーションはヴァケーションを破壊する迷惑な代物。国が鉦《かね》と太鼓で進める代物ではない。ましてこの非常時。使えるカネとチエは、もっと違うところに注ぐべし。

ここもカネとチエの使いどころ

西日本新聞（7月29日付）は1面で、「熊本豪雨農家に深手」という見出しで、熊本県南部を襲った豪雨が、農業に深刻な打撃を与えていることを報じている。27日現在、熊本県内の農作物、農業用施設、農地など農業関係の被害は345億円に上るとのこと。再建には費用も時間も必要で、苦悩する農家の声を紹介している。

―葉たばこ農家（55）：5月以降に晴天が続き、今年は収量アップに期待していたのに…。1円にもならない泥まみれの葉を処理するのはつらい。
―水稲農家（59）：今年は育ちが良く、良いコメができると期待していたんだが…。どうしようもない。
―水稲農家（82）：もう潮時かな…。水がきれいでおいしいコメがとれる地域。負けずに泥かきから始めたい。
―かんきつ農家（56）：あとは消毒を2、3回して12月の出荷を待つだけだったのに。台風は警戒していたが、土砂に巻き込まれるとは。先が見えないのがつらい。

コロナと豪雨、二重の災禍に襲われた人たちの復旧、再興にカネとチエを使うのが政治の、そして政治家の仕事のハズ。

国会はワーケーションのメッカか

ところが、毎日新聞（7月29日付）は、こともあろうか熊本選出の国会議員がその豪雨災害を議案として28日に開かれた衆院災害対策特別委員会の審議中に、いわゆる内職（英語のお勉強）をしていたことを報じている。

その議員とは、坂本哲志《てつし》・元副総務相（自民、熊本3区）。氏は約3時間20分の審議のうち少なくとも2時間、内職にいそしんでいたとのこと。

もちろん、衆院規則は審議中に議事と無関係の本などを読むことを禁じている。まして己の地元県の災害について皆が審議しているさなかである。坂本氏は取材に「熊本と関係のない質疑になった時に読みかけの本があったもんだから、ちょっと読んだ。野党議員の質問には聞いても聞かなくてもどっちでもいいようなやつもある」と、答えている。

こりゃダメだ。

同紙は、25日にも、「国会は『読書の府』？」という見出しで、閣僚経験者や現職の副大臣など少なくとも10人が、5、6月の本会議や各委員会で書籍などを読んでいたことを伝えている。たとえば、野田聖子・元総務相は、総理の椅子を狙うライバルのことが気にかかるのか読んでいたのは『女帝』。現職の義家弘介《よしいえひろゆき》・法務副大臣は、書面で見解を求められ「ご指摘や誤解を受けることがないよう、職務に精励してまいります」とだけ、回答したそうだ。

出た！紋切り型の「誤解」。伝説のヤンキー先生が聞いたら大変なことになるぞ。情けない。

いずれにしても、この人たちにとって国会は、市井の人が行くことのできない場所、つまり秘所地。そこで読書三昧。

これこそが、ワーケーションってか。内職好きの議員各位にVACATIONのスペルのもう一つの覚え方をお教えしよう。

バ・カ・チ・オ・ン！

「地方の眼力」なめんなよ

（2020・08・05）

おっさんだらけは、だらけるよ

7月には、全日本年金者組合・岡山県本部第10回女性部総会で「健康に生活するために、今私達にできること」について、8月には、JA岡山女性部学習会では「持続的な〝JAと地域社会〟づくりとJA女性部の役割」について講演した。女性ならではの明るく熱心な聴講姿勢には、敬意を表するばかりである。

２０２０３０をギブアップ

「社会のあらゆる分野において、２０２０年までに指導的地位に女性が占める割合を少なくとも30％程度になるよう期待する」こと、いわゆる〝２０２０３０《にいまるにいまるさんまる》〟を政府目標とすることを、２００３年６月に男女共同参画推進本部が決定した。本部長は時の首相、小泉純一郎氏。

安倍晋三首相も「すべての女性が輝く社会づくり」を唱え、女性の活躍推進は第２次安倍内閣下における最重要施策のひとつ。

しかし２０２０年７月に、男女共同参画会議の第５次基本計画策定専門調査会は、「第５次男女共同参画基本計画策定に当たっての基本的な考え方（素案）」において、２０２０３０ギブアップを宣言した。かわりに示されたのが、「指導的地位に占める女性の割合が２０２０年代の可能な限り早期に30％程度となるよう目指して取組を進める」ことである。

リップサービスだけの「女性活躍推進」

7月22日以降、この問題を社説で取り上げているのは地方紙のみ。全国紙は取り上げていない。

中国新聞（7月25日付）は、「女性活躍推進」が看板政策であるにもかかわらず、現閣僚に女性が3人しかいないことから、「看板倒れだと批判されても仕方あるまい」とする。

「意思決定の場が男性ばかりに偏れば、長年の慣習などが影響し、女性を含む多様な人が暮らす社会の実情に沿った政策や方針が打ち出しにくい。社会的弱者に負担を強いることにもつながりかねない。指導的地位に女性の登用が必要なのは、そうした理由からである」とした上で、「コロナ対策で、台湾やニュージーランド、ドイツなどの女性首脳の手腕が注目されたのも、無関係ではあるまい」として、女性登用の必要性を強調する。

当然、「指導的立場に就く層に、女性の人材が十分ではなかったのが要因だ」とする、当事者意識ゼロの世耕弘成自民党参院幹事長の発言には失望している。

最後に、政府に対して、目標未達の要因分析に基づいた実効性のある施策の提言と、その遂行を求めている。

琉球新報（7月26日付）も、世耕氏の発言を「未達成の責任を女性に押しつけている」と批判する。さらに、教育と生活の現場に大混乱を引き起こした全国一斉の休校要請を例に挙げ、「意志決定の場に女性が圧倒的に少ない」ために、「政権に生活者の目線が薄い」と、手厳しい。

避けられないクオータ制の導入

高知新聞（7月27日付）は、「目標の先送りを仕切り直し、女性登用を進めていくためには、国民が強く意識できるような明確な目標を掲げ、企業や自治体などに努力を促す必要がある」として、世界130カ国以上の国会が導入している「クオータ制」（候補者や議席に占める女性の割合を一定以上にする仕組み）の導入を提言する。

また、今回の素案で、地方において「地域に性差への偏見が根強く存在している」ことが指摘されたことを受け、『性差の偏見』は女性個人を苦しめるばかりか、地域社会の弱体化も招いてしまう」として、企業や自治体などが連携し、女性が働きやすい環境を整備することを求めている。

そして、「男性の育休取得率を向上させ、今は女性に重い家事・育児の負担を男女で公平に分かち合う努力」を惜しまず、「性差の偏見」に起因する「職場や家庭内の不合理を解消し、女性がリーダーになることをためらわない社会」づくりを提言している。

信濃毎日新聞（7月27日付）は、安倍政権が成長戦略の柱と位置づける「女性活躍」も、「政策の軸足は労働力不足を補う経済対策にあり、賃金格差をはじめ働く場での不平等の是正はなおざりだ。『家庭を守るのは女性』といった意識も根強く、家事や育児、介護の負担は依然、女性に偏っている」と、底の浅さを指摘する。

同紙も「掛け声をかけて自主的な取り組みに任せていても、女性が置かれた状況は大きく変わらない」として、「クオータ制」の導入を提言する。

当然想定される、経済界からだされる「逆差別」発言に対しては、「女性への構造的な差別をなくしていくには、制度の後ろ盾が欠かせない」と、毅然とした姿勢を示している。

神戸新聞（7月28日）は、安倍晋三首相が「女性活躍」を成長戦略の柱に据え、かつて海外投資家に「女性が立ち上がれば日本経済は成長する」と投資を呼びかけたことをとりあげ、「派手なかけ声とは裏腹に、本気度が見えない」と、図星の指摘。

「努力に任せているだけでは女性登用は進まない」として、同紙も「クオータ制」の導入を提言する。

さらに「性差への偏見が根強い地域ほど若い女性が都市部に出ていく」との指摘を取り上げ、「人口流出に悩む地域こそ、男女格差の是正は急務といえる。自治体トップの姿勢も問われている」と、重い宿題を課している。

内なる敵と戦えＪＡ女性部

「男女格差の是正」は、ＪＡグループにも課せられた重い課題である。

斎藤美奈子氏（文芸評論家）は、東京新聞（7月29日付）の「本音のコラム」で、人気番組『半沢直樹』『ハケンの品格』を俎上《そじょう》にあげ、「おっさんだらけの景色を変だと感じるセンスが育たない限り、現状は変わらない。あらゆる場面で、いやみったらしく女性の数を数えてやる！」と、ぶった切る。

自らを典型的「おっさん」と自覚した上で、いやみったらしく女性の数を数えると、ＪＡグループも「おっさんだらけの組織」となる。ＪＡの役員は「女性に見捨てられたらＪＡグループは終わりです」と、しおらしく語るものの、いざ女性たちがＪＡ運営への参画を要求したら、やれない理由、やらない理由で倍返し。

今、ＪＡ女性部に突きつけられている選択肢は、ＪＡ女性組織綱領に謳う「わたしたちは、女性の声をＪＡ運動に反映するために、参加・参画を進め、ＪＡ運動を実践します」を錦の御旗として、クオータ制の導入などで「性差の偏見」や「男女格差」の解消に向けて戦うか、それともこれまでのように泣寝入るのか、のいずれかである。

「地方の眼力」なめんなよ

（２０２０・08・12）

鎮魂の8月を穢《けが》すのはだれだ

「戦争を国と国のけんかくらいに思うかもしれないが、戦場で使われるのは人間。やりたいなら、おまえ、前線に立ってみろって言いたい」と、語るのは島田殖壬《ひろとお》氏（94）。遺体が漬かる水たまりの水をすすり、「殺してくれ」とうめく戦友を残して退却──、そんな想像を絶するなかから帰還した元陸軍上等兵（東京新聞、8月4日付）。

「敵基地攻撃能力の保有」を提言

毎日新聞（8月5日付）によれば、自民党は4日の政調審議会で党ミサイル防衛検討チーム（座長・小野寺五典《いつのり》元防衛相）がまとめた敵基地攻撃能力の保有を含む抑止力向上を求める提言を了承し、安倍晋三首相に提出した。

提言の最大のポイントは、「憲法の範囲内で専守防衛の考え方の下、相手領域内でも弾道ミサイル等を阻止する能力の保有を含めて、抑止力を向上させる取り組みが必要」としている点である。

首相は提言を受けた後、国家安全保障会議（ＮＳＣ）関係閣僚会合を開催し、その内容について議論した。東京新聞（8月5日付）によれば、首相は記者団に「政府の役割は、国民の生命と平和な暮らしを守り抜いていくこと。今回の提言を受け止め、しっかりと新しい方向性を打ち出し、速やかに実行していく考えだ」と強調した。

「敵基地攻撃能力の保有」を目指すこの提言について、新聞各紙の社説等が、どのような見解を示したかを概観する。

提言を評価する読売新聞と産経新聞

産経新聞（8月3日付）は、北朝鮮や中国が、「日米のミサイル防衛網を突破しようと自国のミサイルの能力向上や増強に余念がない」なかで、「国民の生命と日本の平和を守る防衛力について、最大与党が真剣かつ冷静に検討した結果」と、評価する。

「保有は憲法や専守防衛の原則に抵触し、周辺国の反発を招いて緊張を高める」とする反対意見を、「いずれも誤り」とする。その根拠は、「座して死を待つわけにはいかない。他に手段がないとき、ミサイルなどの相手基地をたたく敵基地攻撃能力の行使は『法理的に自衛の範囲に含まれ可能』であり、専守防衛の原則に反しない」という歴代内閣の立場である。

保有反対論は、国民の安全よりも侵略者（文脈からは、北朝鮮と中国を指している）の安全を優先する「愚論」だそうだ。

「北朝鮮はミサイル技術を進化させている」で始まる読売新聞（8月10日付）も、「政府は固定観念にとらわれずに、着実に防衛力を整備しなければならない」とする。ただし、「財政の制約も軽視してはならない」と、財政面への配慮を求めている。

優先すべき課題は何か

東京新聞（8月5日付）は、産経新聞が評価の根拠とした歴代内閣の立場を認めた上で、「同時に政府見解は『平生から他国を攻撃する、攻撃的な脅威を与えるような兵器を持つことは憲法の趣旨ではない』ともしており、敵基地攻撃が可能な装備を持つことを認めてきたわけではない」とする。

もし攻撃能力を保有すれば、「抑止力向上のための取り組みが周辺国の軍拡競争を促し、逆に緊張を高める『安全保障のジレンマ』に陥る恐れもある」と、警鐘を鳴らす。

首相が、「国の使命は国民の命と平和な暮らしを守り抜くことだ」と述べたことをとりあげ、「ならば、最優先で取り組むべきは、コロナ禍に苦しむ国民の暮らしや仕事、学びを守ることであり、限られた予算を振り向けることである」と、一本取る。

これも安倍首相のレガシー（政治的遺産）!?

「鎮魂の8月だというのに『敵基地攻撃能力を検討せよ』などという勇ましい文言が取り沙汰されること自体に違和感を禁じ得ない」と、冒頭から小気味好いのは福井新聞（8月7日付）。「他国の領内までも攻撃できる能力を保有することは憲法9条や国際法、さらには専守防衛や必要最小限度からの逸脱であり許されない」と、ズバリ斬り込む。さらに、2020年版防衛白書に、基本政策は「相手から武力攻撃を受けたときに初めて防衛力を行使する専守防衛」と、記されていることも紹介する。

そして、「提言の策定に関わったメンバーらは『首相から尻をたたかれた』とも明かしており、任期1年余となった首相のレガシー（政治的遺産）づくりとの見方が専らだ」と、安倍政権らしい不純な動機による提言であることも教えている。

新潟日報（8月7日付）も、新型コロナウイルスを巡る対応で迷走を続けるなかで、成果を上げたい首相が、党内議論を急がせたとされることなどから、「まるで『首相のため』に、敵基地攻撃能力の保有を巡る議論が進められているようだ。事実なら、国民不在も甚だしい」と、憤る。

提言は自民党の暴走

「国民的世論を喚起し自民党の暴走を止めなければならない」で始まるのは琉球新報（8月4日付）。

提言の内容は、「憲法の平和主義を破壊するもので、到底許されない」と、言い切る。高良《たから》沙哉《さちか》氏（沖縄大教授・憲法学）による「敵基地攻撃能力を持つとして、誰が指揮し、どう抑止するかは憲法に規定がない。最高法規の憲法に軍事力抑止の規定がないことは、憲法が軍事力による自衛を考えていなかったからだ」との見解を紹介し、この原則に立ち返ることを求めている。

そして、「攻撃型ミサイルを配備すれば、米中関係が悪化すればするほど、日本も当事者として有事に巻き込まれる可能性が高くなる。沖縄は攻撃兵器の配備先として真っ先に狙われる恐れがある」と、危機感を募らせ、「米国による中国敵視政策に乗っかるのではなく、憲法の平和主義の理念を生かし、周辺隣国と友好関係を築くことこそが、憲法が求める日本のあるべき姿だ」と、訴える。

2020平和への誓いが聞こえたか

8月6日、広島市で営まれた平和記念式典で、長倉菜摘さん（12）と大森駿祐《しゅんすけ》さん（12）が「平和の誓い」を読み上げた。

コロナ禍によって当たり前の日常が、決して当たり前ではないことに気付く。そして75年前に原爆で日常を奪われた人びとに思いを馳せる。

「あのようなことは二度と起きてはならない」

「人間の手によって作られた核兵器をなくすのに必要なのは、私たち人間の意思です。私たちの未来に、核兵器は必要ありません」と、力強く宣言した。

聞こえましたか、安倍首相！　この子たちの未来を希望に満ちたものにするために、負の政治的遺産は要りません。

「地方の眼力」なめんなよ

規制虫はステイホーム！

（2020・08・19）

「あなたも147日間休まず働いてみたことありますか？　ないだろうね、だったら意味分かるじゃない。140日休まないで働いたことないだろう。140日働いたこともない人が、働いた人のこと言ったって分かんないわけですよ」と、支離滅裂で意味不明の発語者は麻生太郎財務相。安倍首相が8月17日に都内の大学病院で検査を受けたことへのコメントを求められて。

当コラムの見立ては、憲法第53条を蹂躙《じゅうりん》してまでもこだわった「ステイホーム」のしすぎ。

文化庁を太宰府へ

バカどもへの怒りを鎮めんと、『国連家族農業10年　コロナで深まる食と農の危機を乗り越える』（農民運動全国連合会編著、かもがわ出版）を手に取り、私淑する山下惣一氏（農民・作家）の稿を読む。

政府のいう「3密」（密閉、密集、密接）とは縁遠い環境にある田舎でも、山の中の田んぼにマスクをして行く人がいることを「笑い話では済まない問題」とする。氏ならではの軽妙な筆致には、思わずコロナアルアル！

「都市機能こそが新型コロナウイルスにとって居心地のよい繁殖に適した魅力的な環境であるということである。だから、その根本原因から目をそらしマスクや手洗いなどの小手先の対策で災厄を乗り切ろうというのは、例えていえば水道の蛇口を開けっ放しにしたまま下のバケツの水を必死で汲み出す姿と同じことだろう。同じことはまた起こり、何回繰り返しても解決に至らない。本当にその気があるのなら今こそ人口の一極集中是正のチャンスではないか。人口の都市への集中は他方、農村の過疎と背中合わせの現象である。過密がなくなれば過疎は消える」として、「文化庁を福岡県の太宰府あたりに移す」ことを提案している。

国民よ、目覚めなさい

鈴木宣弘氏（東京大大学院教授・農業経済学）も、同書への推薦の言葉を寄せている。「都市部の過密な暮らしは人々を蝕《むしば》む」ことを、コロナ・ショックが人々に認識させた。「これからは、国民が日本全国の地域で豊かで健康的に暮らせる社会を取り戻さねばならない。そのためには、地域の基盤となる農林水産業が持続できることが不可欠だ。それは、小規模な家族農業を『淘汰《とうた》』して、メガ・ギガファームが生き残ることでは実現できない」とする。

そして、「本当に『安い』のは、身近で地域の暮らしを支える多様な家族経営が供給してくれる安全安心な食材だ。本当に持続できるのは、人にも牛（豚）にも環境にも優しい、無理をしない農業だ」とする。

さらに、「国民が自分たちの食料を身近な国産でしっかり確保しないといけないという意識も高まっている」いまこそ、「国民が目覚めるときだ。消費者は単なる消費者でなく、もっと食料生産に直接かかわるべきだ」と、訴える。

正攻法で進む秋田県横手市農政

秋田魁新報（8月16日付）の社説は、秋田県横手市の農業産出額が5年連続で県内トップとなったことを取り上げている。

産出額を部門別に見ると、コメが県内2位、野菜、果実、花卉《かき》、畜産の主要部門がいずれもトップ。県全体のコメの比率が56・2％、横手市は44・1％で「バランスの良さが際立つ」と評価する。

コメ産出額が伸びた要因の一つに、「地元のJA秋田ふるさとが卸、小売業者との事前協議で、一定量の販路を確保していること」をあげ、「売り先を決めた上で稲作を守りつつ、複合部門も好調な同市の取り組みは、本県農業が目指すべきモデル」とする。

注目すべきは、同市が「規模の大小にかかわらず、市内農家に対する独自支援策を実施」していること。

「アスパラガス、キュウリ、スイカ、トマトの市の戦略4品目をはじめ、果樹、野菜の生産拡大に向けた補助などメニューは17に及ぶ。国、県の支援は法人や認定農業者に厚くなりがちなことから、小規模な生産者をフォローするのが狙い」とは立派。「同市の産出額の伸びは、こうしたきめ細かな支援で多様な生産者を後押しした結果だ」とする。

加えて、「関係機関の協力体制が整っていることも強みである。同市の農林部門は県平鹿地域振興局の庁舎3階に入居。『ワンフロア化』により、県とのスムーズな連携を実現している。さらにJA秋田ふるさととは園芸作物振興に関する連携協定を締結、野菜の種苗供給や担い手の育成を共に進めている」ことから、今後も関係機関が一丸となり、生産者を支えることを求めている。

規制虫は、いつでも、どこでも、何にでも、食いつく

「なぜ、こんなところに人が住むのか、早く引っ越しなさい。こんなところに無理して住んで農業をするから、行政もやらなければならない。これを非効率というのだ。原野に戻せ」とは、わが国の規制緩和を先導してきたT氏の発言。先述した鈴木稿の冒頭に記されている。新自由主義思想にまみれ、カンワカンワと鳴くしか能のない規制虫だが、奴らの第一次産業や農山漁村を食い尽くそうとする執念を侮《あなど》るべきではない。

西日本新聞（8月13日付、長崎県版）は、五島列島の最北部に位置し、長崎県佐世保市中心部から約55㎞、面積約25ha、人口約2000人の佐世保市宇久島《うくじま》で建設が計画されている、大規模太陽光発電所（メガソーラー）に加わる九電工（福岡市）が、近く島内で仮設の作業員宿舎の整備を始めることを報じている。最大1150人を収容する宿舎とのこと。島民の5割強、これだけでも島民の心中は察するにあまりある。

記事によれば、当該事業を巡っては、県北漁協組合長会が本土に送電する海底ケーブルの敷設に反対しているほか、島民からも疑問の声が上がっている、とのこと。宇久島から本土に送電する海底ケーブル（約64キロ）の敷設には、県海域管理条例で地元漁協の同意書が必要。だが、予定海域に漁業権を持つ佐世保市漁協などでつくる県北漁協組合長会は「漁場環境の悪化が懸念される。ケーブル敷設は断固として認めない」と反発を強めているそうだ。

九電工は6月から7月にかけて、島内で24回の事業説明会を開いたが、島民の中には「賛否の意思を示す機会がなかった」と事業の進め方に不信感もあり、住民団体結成の動きがある。漁民や島民の反発に対し、九電工は取材に「今後も丁寧に説明させていただく」と答えている。

この記事のすぐ下に、当該事業の近い将来を予感させるような「石木ダム建設撤回申し入れ　市民団体、佐世保市に」という見出しがある（そこまで考えてのレイアウトなら脱帽）。

全国の有志でつくる市民団体「石木ダム建設に反対するみんなの会」が、8月12日、佐世保市に石木ダム建設の撤回を申し入れたことを伝えている。「住み続けることを望む住民を追い出してまで建設するのはおかしい」と語るのは、発起人の土森武友氏（58）。

計画によれば、宇久島の4分の1をソーラーパネルが覆うそうだ。そこにあるのは、不気味に黒光りする「ゴキブリ島」。

「地方の眼力」なめんなよ

痛んだ傷は負の遺産

（2020・08・26）

レジ袋の有料化を契機に、マイバッグを持って買い物に行く人が増えている。ところが、商品を持ち去るための「隠し場所」になりやすいため、NPO法人全国万引犯罪防止機構は、「マイバッグは精算が済んでから」「店内では折りたたんでおく」などと呼びかけている（東京新聞8月24日付夕刊）。まさに、「李下《りか》に冠を整《ただ》さず」「瓜田《かでん》に履《くつ》を納《い》れず」の教えである。

憲法をないがしろにする政治への決別

平気で李下に冠を整しまくり、ズカズカと瓜田に履を納れまくっているのが、安倍晋三首相。この人が、8月24日に連続在職日数で佐藤栄作（2798日）を抜いて歴代1位となった。すでに第1次政権と合わせた通算在職日数では、戦前の桂太郎（2886日）を抜きトップの記録を塗り替えている。今回の記録更新で、長さだけは前人未到の最長政権となった。

しかし、世間の空気は慶祝ムードにほど遠い。それはコロナ禍のせいばかりではない。「憲法を尊重してますか」という見出しの社説で、現行憲法をないがしろにする安倍首相の政治姿勢をその理由にあげるのは東京新聞（8月23日付）。

最たるものとして、一内閣の判断に基づく憲法解釈の変更による「集団的自衛権の行使」容認をあげている。加えて、「敵基地攻撃能力の保有」にまで踏み込もうとする姿勢に危機感を滲ませている。

さらに、憲法53条に定めるところの、臨時国会の召集要求に対してだんまりを決込む態度を取り上げ、「首相の健康状態は気掛かりですが、だからといって、国会を開かなくていいわけではありません」とする。

これらから、「次の選挙は、憲法を大切にする政治への転機としなければなりません。一気に変わらなくても、選挙結果によっては政治に緊張感が生まれます。当たり前のことですが、それこそが長期政権の行き着く先を目の当たりにした私たち有権者が、胸に刻むべき教訓です」と、訴える。

見当たらぬ政治的遺産

高知新聞（8月24日付）の社説は、「前人未到の域に入ったわけだが、長さに見合うだけの実績はあるのか。この点は問われ続けている」として、実績を検証する。

２０１２年12月の第２次内閣発足とともに始まった景気拡大は、２０１８年10月までの71カ月で終わったことから、「政権が誇示した『戦後最長景気』ではなかったことが判明している」とする。

さらに、「消費税率を10％に引き上げた昨年10月は景気後退期。それまでの景気拡大期に2度、税率アップを先送りした揚げ句、後退期に増税した。その判断は妥当だったのか」と、問う。

安倍氏ご自慢の外交についても、「ロシアとの北方領土返還交渉」「北朝鮮による日本人拉致問題」、ともに具体的な進展は見えてこないことを嘆く。

前述の「集団的自衛権」問題の違憲性にも言及し、「政治的遺産として胸を張れるものは現状では見当たらない」と手厳しい。

コロナ関連施策における、大多数の国民の意識との「ずれ」を指摘し、それが「長期政権ゆえの緩みやおごり」「1強政権のゆがみ」に由来することを示唆する。

そして、「最優先で求められるのはコロナ対策に全力を挙げること」として、「感染抑止と経済再生をどう両立させるのか。速やかに国会を開いて説明を尽くすとともに、国民の意見に耳を傾けなければならない」と、耳の痛い話をする。

ＪＡグループは安倍農政とどこまで戦ったのか

さて安倍農政に目を転ずれば、日本農業新聞（8月24日付）の論説が、この間の農政の特徴を「政策会議を先兵に新自由主義的な改革を官邸主導で推し進めたことである。それは、現場軽視、熟慮なしで、責任の所在があいまいな政策決定をもたらした」と、総括する。その反省に立ち、「持続可能性を軸に現場主義の農政に国民の力で転換しなければならない」とする。

ＪＡグループを揺るがし、多くの後遺症をもたらした農協改革については、同紙の組合長アンケートでは、その見方をほとんどの組合長が否定したにもかかわらず、「ＪＡの自由な経営を阻んでいる」として、中央会制度を短期間で廃止させたことを淡々と記す。

「内閣支持率の低下と反比例するかのように与党の発言力が強まり、農政に変化の兆しが見られる」として、与党の発言力の強まりに希望を見いだしている。

この軌道修正を確実にするためには、「農業者と消費者らとの連帯が不可欠」とする。「地球温暖化や格差拡大、新型コロナウイルス禍など国民的課題」を踏まえ、「持続可能性」をその結集軸に位置づける。

「持続可能性」「現場主義の農政」「農業者と消費者との連帯」、これらに異論はない。しかし、先述した「国民の力での転換」や、唐突に出てくる「官邸主導を支えたのは『安倍1強』政治で、それを許したのは国民である」との見解には、違和感を禁じ得ない。当コラムも含め、「国民」に責任がないとは言わない。しかしその前に、ＪＡグループの農政に対する姿勢、特定政党との関わり方や国政選挙における政治的行動、それらに何の問題もなかったのか。「安倍1強」政治に加担しなかったのか。国民が、連帯したくなる農業者であり協同組合だったのか、それを問うべきではないか。その総括をしないJAグループの機関紙が、国民に対して農政転換の力を求めたり、「安倍1強」政治を許した責任を問うても、離れる国民はいても、理解を示す国民はいない。

本当に罪深き安倍政治

神戸新聞（8月25日付）において中島岳志《なかじまたけし》氏（東京工業大教授・近代思想史）は、「特定秘密保護法」（2013年成立）、「共謀罪法」（2017年成立）によって、安倍内閣が、権力が個人の内面に介入する法律を整えたことを見逃してはならない、と警鐘を鳴らす。

これらの法律に似たものとして、戦前・戦中のわが国に存在した「軍機保護法」を取り上げる。これが「自主規制」を生む。

「国民は、見せしめ逮捕によって権力を忖度《そんたく》し、自らの言論や行動を制限」し、「……勝手に自主規制するようになる。隣組のような具体的な相互監視システムが起動しはじめ、同調圧力が強化される」とのこと。

この「忖度」を安倍内閣の最大のキーワードとし、現下のコロナ禍においても、「自粛警察という同調圧力が社会現象として加速している」ことを指摘する。すでに現れた負の遺産か。

そして「安倍内閣がこの国に刻んだ傷は大きい。この傷を丁寧に治癒しなければ、大きな禍根を残すことになるだろう」とする。

JAグループには、信頼できない政治にしなだれかからず、安倍農政で痛んだ傷を丁寧に治す覚悟が求められている。

空前政権を絶後政権に

（2020・09・02）

安倍政権終焉について発言する際、お見舞いの一言を添えないと無礼との批判を浴びせる連中がいるとのこと。「自粛警察」に続いて「御見舞警察」ですか。そのあとに控えしは「御悔み警察」かな。君子危うきに近寄らず。ならば、「病は気から。根性さえしっかりしていれば病気は逃げていく」とでも言っておこう。

この言葉、由緒正しい言葉である。なにせ大勲位中曽根《なかそね》康弘《やすひろ》首相（当時）が1983年8月6日、広島の原爆養護老人ホームで原爆症と闘う方々に述べた、お見舞いの辞ですから（井上ユリ編『井上ひさしベスト・エッセイ』ちくま文庫、2019年）。

民主主義の破壊者

信濃毎日新聞（8月29日付）の社説は、「体調に問題があれば日本のかじ取りは任せられない。辞任は当然である。むしろ遅すぎた」と、さっぱりしたもの。

政策上の特徴を「看板政治」と呼ぶ。象徴的看板の「アベノミクス」は、「金融緩和は円安と株価上昇を生みだし、海外経済に後押しされて国内企業の業績は改善。大企業や富裕層に恩恵をもたらした」が、「労働者の賃金は思うように上昇せず、国内消費は上向かないままだ。デフレ脱却は道半ばで、非正規労働者の増加は国民の格差拡大をもたらした」とする。

ちなみに、退陣記者会見において「アベノミクス」という看板は出てこなかった。看板が倒れたことの証左か。

また「地方創生、1億総活躍、働き方改革、全世代型社会保障」等々の看板が続いたが、従来の焼き直しとする。

そして「強引な政治手法を常態化させたこと」を、看過できないと怒る。安全保障関連法や改正組織犯罪処罰法の強行採決、野党の声をまじめに聞かない、やじを飛ばす聴衆への「こんな人たちに負けるわけにはいかない」との発言、政権の意に沿わない美術展などへの補助金不交付等々。

その一方では、「味方」の重用による「政権の私物化」と「付度《そんたく》政治」。

「コロナ禍はその弊害を浮き彫りにした」として、新政権には「民主主義」の再構築からスタートすることを求めている。

まずは被爆地の訴えに耳を傾けよ

「核兵器の廃絶、これは私の信念であり、日本の揺るぎない方針でもあります――。安倍晋三首相は、おとといの退陣会見で質問に答え、そう強調した。耳を疑った人もいたのではないか」で始まるのは、中国新聞（8月30日付）の社説。

核兵器禁止条約を巡る対応を取り上げ、「被爆地の訴えに沿った内容の条約にもかかわらず、なぜ日本政府は署名・批准しないのか。渋る米国など保有国に参加するよう粘り強く働き掛けるべきではないか。それこそ首相の言う『橋渡し役』のはず」とする。

「被爆者に寄り添う―も言葉だけだった。原爆投下後に降った放射性物質を含む『黒い雨』を巡る訴訟で、国主導で控訴に踏み切った。全員救済の司法判断を踏みにじるとは許せない」と、抗議の姿勢を緩めない。

地球儀を俯瞰しただけの害交

高知新聞（9月1日付）の社説は、「首相官邸のホームページ（今年1月17日現在）によると、訪問した国・地域は80、飛行距離は地球40周分近くになる」というが、「政治的遺産（レガシー）と呼べるほどの成果は見当たらない」と、これもまた手厳しい。

「目立ったのは日米同盟の強化」とした上で、「見た目の親密さと、国同士の交渉や外交は根本的に違う」とし、「対米追従」の姿勢を指弾する。それは、貿易問題だけではなく、米国製軍需関連製品の爆買い問題も指している。

さらに「沖縄に偏る米軍基地問題など首脳同士でとことん話し合うべき課題は多い。国民が解決してほしい問題に政権は正面から向き合ったのか」と疑問を投げかけるとともに、「日ロの平和条約交渉は進んでいない」と、指摘する。

さらに韓国との関係悪化を取り上げ、負の遺産の多さをうかがわせる。

沖縄問題に関して、沖縄タイムス（8月29日付）の社説は、「通算の在任期間が8年を超えるというのに、安倍首相は任期中、ついに沖縄とまっとうな関係を築くことができなかった」と、失望の色をあらわにする。

そして、「米軍普天間飛行場の返還合意を実現した橋本《はしもと》龍《りゅう》太郎《たろう》元首相や、サミットの沖縄誘致を決断した小渕《おぶち》恵三《けいぞう》元首相と比べたとき、その違いが際立つ。橋本氏や小渕氏、そして野中広務《のなかひろむ》元官房長官らは県民の戦争体験や戦後の米軍統治下の苦難を理解していた。だが、戦後生まれの安倍首相には、沖縄の歴史に向き合う姿勢がほとんど感じられなかった」とする。

「菅義偉官房長官にも言えることだが」と断った上で、「何度でも足を運んで話し合いを重ね、接点を見いだす、という『寄り添う姿勢』が感じられない」とする。

悲しいかな菅氏はポスト安倍に急浮上した勝ち馬。当分の間、沖縄の嘆きに終止符は打たれない。

「民主主義の再構築」への出立

首相退陣に焦点を当て、共同通信社は8月29、30両日に全国緊急電話世論調査を実施し、1050人から回答を得た（回答者率50・7％）。注目すべき回答概要は次のとおりである。

（1）安倍内閣の支持については、「支持する」56・9％、「支持しない」34・9％。前回調査時（8月22、23両日）の「支持する」は36・0％。

（2）7年8カ月間の第2次安倍内閣について（大別表示）は、「評価する」71・3％、「評価しない」28・0％。

（3）支持する政党については、「自民党」45・8％、「支持政党なし」24・8％、立憲民主党10・2％などとなっている。前回調査時（8月22、23両日）の「自民党」支持率は32・9％。「支持する政党なし」41・7％。

（4）任期途中での退陣については、「早すぎた」12・7％、「適切だった」58・6％、「遅すぎた」25・3％。

（5）新内閣が優先して取り組むべき課題については、「新型コロナウイルス対策」72・9％、「景気・雇用」32・1％、「年金・医療・介護」19・2％、以上が上位3項目。「憲法改正」はわずか、5・5％である。

誰の書いた筋書きかは別にして、⑴から⑷の結果は、この退陣劇が自民党にも安倍氏にもプラスに働いていることを教えている。御見舞相場であることを割り引いても、腹具合が劇的に改善し、「辞めるの辞めた」と言いたくなるぐらいの結果である。最後の悪あがきとはいえ、「敵基地攻撃能力保有の方向性を示す意向を固め、与野党幹部に伝えていた」ことに要注意。

しかし、安倍政権の政治手法、すなわち「アベ政治」に対する地方紙の下した評価は極めて低い。民主主義を蹂躙し破壊したわけだから当然である。地方紙には、「民主主義の再構築」に向けて期待するところ大である。

空前の安倍政権とその政治手法を絶後とするために、さぁ、ご一緒に。

「地方の眼力」なめんなよ

（2020・09・09）

良い子は真似しないでね

日本ジャーナリスト会議（JCJ）は9月7日、優れたジャーナリズム活動に贈る2020年のJCJ大賞に、公費で首相が主催する「桜を見る会」に安倍晋三首相の地元後援会員が多数招待されたことをスクープした日本共産党の機関誌「しんぶん赤旗」日曜版の報道を選んだ。同紙の配達に携わる者として、誠に誇らしい受賞である。

ネタの宝庫

またJCJ賞には、森友学園問題に関連して自殺した赤木俊夫《あきぎとしお》氏（元財務省近畿財務局職員）の妻赤木雅子さんと大阪日日新聞の相沢冬樹記者の「森友問題で自殺した財務省職員の遺書の公開」と、2019年7月15日、安倍晋三首相が札幌で参議院選挙の応援演説をしているときに、少なくても9人が警察によって排除されたことについて、ヤジ排除の正当性を真正面から検証した、北海道放送のドキュメンタリー番組「ヤジと民主主義～小さな自由が排除された先に

〜」など4点が選ばれた。

受賞した5点のうち、安倍案件は3点。まさにネタの宝庫。今後は、ストレスのないポジションに鎮座し、薬も効いて、ゴルフ三昧の絶好調。「小人閑居して不善をなす」とすれば、何を企むことやら。要監視対象者であることは間違いない。

神輿に乗る「凡庸な悪」

その安倍氏を官房長官として支え続けてきた菅義偉氏が、ポスト安倍の座を得るのは確定的である。

以前、枝野幸男《えだのゆきお》立憲民主党代表のインタビューをした際に、菅官房長官に対する否定的なコメントを期待した質問に対して、枝野氏は「菅さんは有能な官房長官です。官房長官の仕事は、首相に火の粉が及ばないように守り通すこと。その点からすれば、有能なかたです。ただ、守るべき人を間違っているだけ」という、趣旨の答えであった。思惑違いで、正直納得はしなかった。その後も、当コラムの菅氏への印象は、悪くなるばかりであった。そして、枝野氏に付けた疑問符もそのままである。

なぜ菅氏に対する印象が改善しないのか。その理由が、9月8日の出陣式や記者会見などでの氏の言動から鮮明化した。

キーワードは「凡庸な悪」。ドイツ出身の政治哲学者、ハンナ・アーレント（1906〜75）は、ナチスドイツによるユダヤ人虐殺において、主導的な役割を果たしたアドルフ・アイヒマンの風貌、雰囲気があまりにも「普通の人」だったことから、裁判の模様をまとめた本の副題に「悪の陳腐さについての報告」と付した。

思考を停止し、与えられた仕事に疑問を感じることなく精励した結果が世界史に残る大虐殺。想像力や思考力が欠如したら、人は誰でもアイヒマンになる可能性があることを教えている。

政治屋の世界には、「担ぐ御輿は軽くてパーがいい」そうだ。でもね、軽くて、悪けりゃ、国民はたまったもんじゃないからな。

コントがスリラーへ

「7年8カ月続いた第2次安倍政権を振り返ってみると、頭に浮かぶのは、やはりいろいろと面白すぎた出来事たちだ」で始まるのは放送作家の内村宏幸氏（西日本新聞、9月7日付）による「長期政権考　安倍1強の7年8カ月」である。

「サイバーセキュリティ担当大臣がパソコンを使えない」ことは、非の打ちどころがどこにもない完成度の高いコント。

「募るというのは募集するという意味ではない」という安倍氏の答弁は、「ある意味、『逆名言』として後世に残した方がいいのかも知れない」との提案。

「だが、まだコントみたいだと笑えるうちはよかった。次第に度を超してきて、悲しいかな、笑えなくなってきていた」そうだ。そして、「この7年8カ月の間に、子どもでもわかる〝やってはいけない事〟をいくつもやってしまったと思う。政治に関心のない私でも、身に迫る恐怖というものを確かに感じた」と、コントからスリラーへの変化を率直に記している。

心身のバランスを壊す子どもたち

子どもでもわかる〝やってはいけない事〟を政治の中枢にいる大人たち、それも総理大臣が率先してやっていることを、見たり聞いたり感じたりする子どもたちの心身が、バランスを崩し不健全なものになることは容易に想像できる。

そのことを、国連児童基金（ユニセフ）が先進・新興国38カ国に住む子ども の幸福度を調査した結果が教えている（9月3日発表）。

調査対象の三分野とそれぞれの順位は次のようになる。

（1）精神的幸福度（生活満足度の高い子どもの割合、自殺率）は37位。

（2）身体的健康（子どもの死亡率、過体重・肥満の子どもの割合）は1位。

（3）スキル（読解力・数学分野の学力、「すぐに友達ができる」との回答率）は27位。

これら3分野の総合順位としての「子どもの幸福度」は20位。

世界に誇れるのは、身体的健康のみ。精神的幸福度は極めて低い。スキルにおいても、学力は平均を超えているが、友達づくりは平均以下。まさに、心と体の顕著なアンバランス状態である。

あなたは背中を子どもたちに見せられますか

この調査結果に危機感を覚えた琉球新報（9月8日付）の社説は、「子どものありようは大人社会の鏡だ。生きがいを感じ、自殺に追い込まれない人間関係や多様な価値観を育む寛容な社会の実現が求められている」として、「弱者や他者を思いやる心を育むこと」の重要性を強調する。

さらに、国連の2020年版世界幸福度報告書から、日本全体の幸福度世界ランキングも、一昨年の54位、昨年の58

位からさらに後退し、62位だったことを取り上げ、「自己肯定感と寛容さは大人社会でも問われている。多感な子どもたちへの影響を考えると、大人社会から変えていく必要がある」とする。

「世界一幸福な国」と呼ばれるデンマークへの留学経験者が、「『大人は自分たちの声に応えてくれる』という絶大な信頼感を持っていると感じた」と語っていることから、「子どもは社会の未来を担う大切な存在だ。多様な価値観を認める社会へ大人たちが率先して取り組み、背中を見せる必要がある。子どもたちは大人の態度をしっかり見て鋭敏に感じている」と、大人たちに訴える。

ところが、毎日新聞と社会調査研究センターが8日に行った緊急全国世論調査で、「あなたが投票できるとしたら誰に投票しますか」と尋ねたところ、菅氏が44%、石破氏が36%、岸田氏が9%（毎日新聞、9月9日7時配信）。ついこの前までは、数%しかなかった「凡庸な悪」を、これだけの大人が担ごうとしている。これが本当の「悪のり」か。良い子は見ちゃダメ、真似ちゃダメ。

「地方の眼力」なめんなよ

（2020・09・16）

継承に警鐘を乱打せよ

人種差別に抗議しながら全米オープンに勝利した大坂なおみ選手。表彰式でインタビュアーからマスクに込めたメッセージを問われ、「あなたが受けたメッセージは何でしたか?」とは、リターンエース。もちろん「重要なのは、人々が議論を始めること」と続く誠実な説明に、突き抜けた凄みを感じる。

北方領土問題への珍回答

自民党総裁選に勝利した菅義偉氏、9月15日18時から行われた記者会見で、「ロシアに4島返還を求めていくか」と問われ、「4島の帰属を明確にした上で交渉していく」と珍回答。安倍晋三、森喜朗、両氏に相談することも正直に語った。そして、「プーチン氏は柔道が大好きで、日本の山下泰裕《やすひろ》先生が一緒に来れば、交渉がしやすくなると、そういうことを平気で言われるほど、柔道にはですね、親近感を持ってるようで。プーチン氏が訪日したときも全て山下選手に同行いただいたということも事実ですから……」と、耳を疑う回答。

北海道新聞(9月15日付)の社説は、「4島の帰属問題を解決するためにロシアと交渉するという政府方針を理解しているのか疑問だ」とし、「にわかにポスト安倍の本命となり、本格的な政権の準備ができていない証左ではなかったか」と、不安視する。

パワハラ宣言と継承する「負の遺産」

9月13日のフジテレビ番組で、中央省庁の幹部人事を決める内閣人事局に見直すべき点はないと明言し、政権の決めた政策の方向性に反対する幹部は「異動してもらう」ことを強調した。意見具申も、逆提案も、もちろん諫言も受け付けないとすれば、立派なパワハラ宣言。か弱き役人をどこまで萎縮させれば気が済むのだろうか。忖度官僚をのさばらせ、第二第三の赤木俊夫氏を生み出しかねない問題発言。

秋田魁新報(9月15日付)の社説も、「最近の菅氏について気になるのは、消費税率を巡る発言を翌日に修正するなど不用意な言葉が目立つことだ。それだけではない。中央省庁の幹部人事を握る内閣人事局に関連し、政権が決めた政策の方向性に反対する幹部には『異動してもらう』と強い姿勢をあらわにした。政権が政策を実現しようとするのは当然だ。そのためには法律や制度に精通した官僚の協力が欠かせない。専門的な立場から問題点や課題を指摘することもあるに違いない。だが、それさえも『反対』と受け止めて異動させるようなことがあれば、官僚は本来なすべき仕事をしなくなる恐れがある」と、苦言を呈する。

そして、「安倍政権の『負の遺産』までも継承することは避けるべきだ。政治主導も行き過ぎれば、国民にとってかえって不利益になることを忘れてはならない」と、諌めている。

この人、本当に大丈夫?

「気がかりなのは、菅氏がどんな国を目指すのかが見えてこない点だ」とするのは、神戸新聞(9月15日付)の社説。「ふるさと納税や携帯電話料金の値下げなど自らが推し進めた個別政策には饒舌《じょうぜつ》だが、中長期的なビジョンは語ろうとしない。外交手腕は未知数だ。その点を討論会で指摘され、『電話協議のほとんどに同席している』などと色をなして反論したのは、自信のなさの裏返しともとれる」と、一の矢。さらに、「縦割り行政、既得権益、前例主義の打破、規制改革」を力説することを取り上げ、それらは「手段であって目的ではない。重要なのは、これによって何を成し遂げるのかである」と、二の矢を放つ。そして「次期首相として、自らの政治姿勢と国のあり方を国民に向けて率直に語らねばならない」と、三本目の矢。

しかし、まともな日本語を語ることができない御仁であることは、この間の討論、記者会見、インタビューなどで国民の多くが知ることとなった。

日頃政治には関心を示さない、連れ合いも、「この人、本当に大丈夫?」と、不安げに独りごちております。

果たせ説明責任

「政策論争は盛り上がらず、長老のぎらついた権力欲と、派閥の勝ち馬に乗る心理だけが目に付いた選挙だった」で始まる、沖縄タイムス（9月15日付）の社説は、菅氏が岸田文雄《きしだふみお》政調会長と石破茂《いしばしげる》元幹事長と違って、安倍政権における最大の「負の遺産」、すなわち「果たすべき説明責任を怠ってきた」ことに向き合っていないと指弾する。

そして、「定例の会見で質問を遮断して説明を回避したり、木で鼻をくくったような、はぐらかしが目立った」と指摘し、菅氏の常とう句、「その指摘は当たりません」「まったく問題ありません」「仮定の質問にはお答えできません」を紹介する。もちろん、亡くなった翁長雄志《おながたけし》前知事が、氏の言動を「上から目線」だと批判したことも忘れてはいない。

さらに、氏が重用しようと考えている、二階俊博幹事長や麻生太郎氏を取り上げ、「菅氏を含めこの3人に共通しているのは、説明を尽くす姿勢が不十分な点である。党内の風通しをよくし、異論にも謙虚に耳を傾ける姿勢がなければ新政権は長持ちしないだろう」と、忠告する。

「全く問題ない」にこそ問題あり

やや古い記事であるが、毎日新聞（２０１７年6月15日付、夕刊）で、想田和弘《そうだかずひろ》氏（映画監督）は菅氏の語り方を「菅官房長官語」と名付け、特徴は「コミュニケーションの遮断」と指摘した。コミュニケーションを遮断し、実質的には何も答えないから、ボロを出さないので無敵に見える。相撲に例えて、「土俵に上がらないから負けない」論法とは、言い得て妙。さらに、「問う側が、真摯《しんし》であればあるほど、一方的に遮断されたときの心理的なダメージは大きいはず」と、解説している。

平野浩氏（学習院大教授・政治心理学）は、「会見で繰り返されているということは、許容してきたということ。新聞の見出しも〈菅氏『全く問題なし』〉などと、菅氏の発言をそのまま見出しにしてしまう報道も見受けられてきました。でも、それではニュースを見る側は『ああ、問題ないのか』と受け取る恐れがある。『菅氏　正面から答えず』など、意図を伝える努力が求められるはずです」と、報道の問題点と努力すべき方向を提示している。まったく同感。記事は「発言をしっかりチェックすれば政権側も向き合わざるを得なくなる。『全く問題ない』。いや、そこにこそ問題はあるのだ」と、見事な締め。

NHKなど多くのメディアは、菅氏のスカスカ発言を高等な編集技術を駆使して、正論のように偽装するだろう。真実を伝えようと努力するメディアやジャーナリストと、偽装に惑わされない眼力を持った国民の底力が試される。

「地方の眼力」なめんなよ

（2020・09・23）

SDGsを忘れるな

「秋田の農家の長男に生まれた私の中には、一貫して、地方を大切にしたい、日本の全ての地方を元気にしたい、こうした気持ちが脈々と流れております。私は、この気持ちを原点として知恵を絞り、政策を行ってきました」と言う、菅首相就任会見のこのくだり、何度聞いても不快。寵愛する農水省事務次官を使って、農業・JAの改悪を進めたことだけをとっても、地方を大切にするヒトとは到底思えないからだ。

菅氏の天敵、望月衣塑子《もちづきいそこ》氏（東京新聞記者）は、東京新聞（9月20日付）で、冒頭の発言が過去のものと矛盾していることを明らかにしている。

菅氏は、2000年9月頃の氏のHPで、「私のめざす政治『年功序列、地方優先政治の打破』」として「皆さんの支払う国税の大部分は地方の道路や施設の投資に使われています。大都市はさまざまな都市問題を抱え、財政も火の車です。世界を捜しても日本しかない地方交付税制度はもう見直さなければいけません」と主張。2001年6月の衆院決算行政監視委員会では、選挙区の横浜市を例に挙げ、「大都市の方が多く税金を納めながら、交付金などが地方に多く還元される制度を『問題がある』と訴えた」そうだ。

また、石戸諭《いしどさとる》氏（ノンフィクションライター）は、「サンデー毎日」（10月4日号）において、2015年8月、基地移設を巡る協議の場で、当時の沖縄県知事故翁長雄志氏が菅氏に、沖縄の歴史への理解を求めた際、「私は戦後生まれなものですから、歴史を持ち出されたら困ります」と、信じられない言葉を発したことを取り上げる。

そこから「（菅氏が）地方や弱者のことがわかるという『物語』が盛んに喧伝《けんでん》されているが、それはあまりにも短絡的だ」とし、「彼は合理的な統治思考で、仕事と割り切ったことは粛々とこなせるが、歴史感覚に乏しい政治家だ」と、断じる。

あえて付言すれば、人間性の欠如を象徴するエピソードである。もう、お分かりいただけましたよね。

「未知数」の大臣でいいんですか

菅内閣において農林水産大臣となったのは野上浩太郎《のがみこうたろう》氏。首相官邸で記者団の取材に応じて「農水産品の輸出、農林水産分野の改革等をしっかり進めてもらいたい」と首相から指示があったことを明らかにし、「農林水産業は国の基。美しい農山漁村をしっかり次世代に引き継いでいかないといけない」「喫緊の課題はコロナへの対応」と述べ、コロナ禍による農産物の消費低迷や、生産基盤の弱体化への対応を最優先する考えを示した（日本農業新聞、9月17日付）。

野上氏については、国政において農林関係の要職の経験はなく、「未知数」という評価がもっぱら。米どころ富山県出身であることで、「地方や農業を大切にする大臣」というイメージづくりにも余念がないようだ。

いずれにしましても（菅氏の常とう句）、当コラム、氏が2016年8月から約3年間、安倍内閣の官房副長官であったとき、安倍氏の横に立っていた彼を長らく護衛のSPと思っておりました。問題山積の第一次産業に未知数大臣でいいのか、はなはだ疑問。北村誠吾前地方創生大臣のように「無知数」でないことを願うばかり。

サステナウィークって何ですか

9月19日付の日本農業新聞に、「サステナウィーク始まる」と奇妙な見出しを見つけた。

サステナとは、国連の「持続可能な開発目標（Sustainable Development Goals＝SDGs）」からとったもので、持続可能（サステナブル）な農業生産を後押しするにはどうしたらいいか消費者に考えてもらうため、農水省や企業、団体などでつくる「あふの環《わ》2030」がPR活動として始めた取り組みである。ちなみに、「あふの環」の「あふ」とは農業（A）・林業（F）・水産業（F）の英語頭文字。国連のSDGsに、持続可能な食品・農林水産物の生産・消費も位置づけられていることから、同省と消費者庁、環境省が始めたものだ。JA全中や農業者、小売り、食品メーカーなど85の企業・団体などからなり、国連総会の開催期間中に、参加企業・団体が小売店やインターネットで、環境や水、土壌の保全、地球温暖化の防止やごみの削減などにつながる商品を販売するなど、意欲的なイベントである。ただこの記事を見てすぐに思ったのは、消費者の啓発だけではなく、野上氏が大臣として何をすべきかをしっかり考えるきっかけとすることである。新聞情報だけではあるが、氏の口から、ＳＤＧｓに関連した言葉はまったく聞かれなかった。もちろん、菅氏始め、新政権の閣僚、誰一人この課題に触れなかったようだが、極めて由々しきことである。

同一紙面にある論説は、新自由主義的な経済のグローバル化が、格差拡大、地球環境問題の深刻化、飢餓人口の増加などをもたらし、「社会・経済や地球環境の持続性の確保こそ国際世論は求めており、それが国連の持続可能な開発目標（ＳＤＧｓ）に結実した」ことを強調する。そしてそれを農業分野で先取りしたのが、２０００年のＷＴＯ（世界貿易機関）農業交渉において、日本が提案した「多様な農業の共存」とする。だからこそ、菅政権に対して、「持続可能な農業」を国家の権利として認め合う国際世論の形成に、戦略的に取り組むことを強く訴えている。

大事な「ものさし」としてのＳＤＧｓとパリ協定

「集団的自衛権　菅官房長官に問う」というタイトルで、２０１４年7月3日に放送された「ＮＨＫクローズアップ現代」で、菅氏に厳しい質問を浴びせ、それが主たるきっかけとなり降板に追い込まれたのが、人気キャスターだった国谷裕子《くにやひろこ》氏（東京芸術大理事）。現在、ＳＤＧｓの取材や啓発活動に力を注いでいる氏のインタビュー記事が、「新婦人しんぶん（8月27日付）に掲載された。まず、２０１５年に国連に加盟する１９３のすべての国に採択されたＳＤＧｓと、同年12月に世界の平均気温上昇を産業革命以前に比べて2℃未満に抑え、１.５℃未満を目指したパリ協定を、「世界共通の大事なものさし」と、高く評価する。そして「みんなでめざすべきゴールを手にしていることはある意味、奇跡的なことかもしれない」とする。

この「ものさし」こそ、コロナ危機を乗り越えるための道しるべとして、「新しい世界への動きを強めていくことが今とても重要になっています」と、情熱を込めて語っている。

もちろん日本も批准手続きを経て、パリ協定の締結国となっている。

ＳＤＧｓもパリ協定も、「賛成したけど、実行するとは言っていない」なんて、アホなセリフはアベちゃんだけでもう十分。

ちなみに、今年7月17日に閣議決定された「骨太方針２０２０」の最終節のタイトルは「持続可能な開発目標（ＳＤＧｓ）を中心とした環境・地球規模課題への貢献」だったこともお忘れなく。

「地方の眼力」なめんなよ

（２０２０・09・30）

早まるな！女性たち！

さまざまなことを実現せずに終焉を迎えた安倍内閣。その内閣を象徴する言葉として、「道半ば」をあげるのは、中島岳志氏（東京工業大教授・近代政治思想史、西日本新聞9月25日付）。さらに、「安倍内閣の本質は、『実現しないことによって支持を獲得する』というカラクリにあった」とする。ぶら下げられたニンジンを、もう少し、もう少しと思いながら走り続ける「馬」に例えられたのは、安倍内閣に一票を投じてきた人たち。

「女性活躍」も道半ば

「安倍政権が看板に掲げた『女性活躍』は社会の関心を集めた。同時に当の女性たちを困惑させ、落胆させてもきた」で始まるのは、神戸新聞（9月10日付）の社説。

この「女性活躍」を振り返り、「経済成長第一の姿勢が鮮明」で、「男女平等や男女共同参画といった視点が乏しい」「労働力として活用することを女性活躍と言い換えている」と総括する。

安倍氏が誇る雇用拡大も、「顕著に増えたのは非正規雇用であり、その多くを女性が占め」ているとし、「女性の貧困への関心は薄い」ため、「国際的にも際立つ政治や経済の『男性中心』を是正しようとする本気度は全く伝わってこない」と、厳しく批判する。

そして、一連の政策によって「男女格差が根強く残っている現状を可視化した」ことを、「最大の『功績』」と、皮肉る。

苦境にあえぐ非正規労働者

西日本新聞（9月25日付）は、九州7県の労働局への取材で、「会社都合の退職」（解雇・雇い止め）の人数を集計し、4月から7月の間、企業から解雇や雇い止めとされた人が前年同期比42％増の2万3692人にも及ぶことから、雇用環境がより悪化している実態を1面で報じている。

福岡労働局などによると、飲食業や小売業、製造業が中心で、契約社員や派遣労働者など非正規社員が目立つとのこと。

「雇用環境の悪化が本格的に現れるのは景気悪化の半年後のため、10～12月が正念場になる」とする永浜利広氏（第一生命経済研究所首席エコノミスト）のコメントは興味深い。

社会面では「コロナ解雇『私たちは駒』」という見出しで、福岡市に住む2人の女性の苦しい情況を紹介している。派遣労働者として今年1月から営業の仕事を始めた女性（41）は、全国でもトップクラスの営業成績だったが、4月に派遣先から在宅勤務を命じられ、6月末に派遣は終了。「いくら頑張っても会社の都合でいつでも切られる存在」と痛感。年末までは貯金と失業保険でしのげるが、その先は見通せないようだ。

「日本で正社員になるのが夢だったのに」と肩を落とす韓国人の女性（27）は、中学生の頃から日本に憧れ、昨年7月に市内の免税店で契約社員として働き始めた。日本人の上司から「2年頑張れば正社員」と言われ、急な残業も積極的に引き受けてきた。しかし、3月に入って上司から「3日後から来なくていい」と、一方的に解雇通告。失業保険で食いつなぎ職探しに奔走するが、入管難民法の規定で働き口は限られる。訪日客が消えた今、あえて韓国人を求める会社はほとんど無いとのこと。

コロナ禍による雇用環境悪化で、苦境にあえぐ非正規労働者たちが増えているのは、九州だけではないはずだ。

増える自殺者。それも女性！

『令和元年中における自殺の状況』（厚生労働省・警察庁、2020年3月）によれば、「自殺の多くは多様かつ複合的な原因及び背景を有しており、様々な要因が連鎖する中で起きている」が、原因・動機が明らかなもののうち、個々の要因別にみると、「健康問題」にあるものが最も多く、次いで「経済・生活問題」「家庭問題」「勤務問題」の順となっている。

とすれば、コロナ禍による雇用環境の悪化などで、自殺者の増加、それも女性の増加が懸念される。

警察庁発表の今年の月別自殺者数を昨年と比較すると、特徴点として次の3点があげられる（なお今年8月は暫定値)。
(1)自殺者総数は、6月までは前年より少なかった。7月から増加に転じて1・4%増の1818人、8月は15・7%増の1854人。
(2)女性は、5月までは前年より少なかった。6月から増加に転じて2・2%増の506人、7月は15・6%増の651人、8月は40・3%増の651人。
(3)男性は、1月に0・1%増の1185人。2月から7月までは前年を下回り、8月に5・6%増の1203人。
以上から、女性の自殺者が急増していることには驚かされる。正直に言う。数値を見て、わが目を疑い、寒気がした。

本当に「国民のために働く内閣」ですか

「これほど自殺者が増えたこと、特に女性の増え方が凄まじいことにコロナ不況の影響を如実に感じる」とするのは、雨宮処凛《あまみやかりん》氏(作家・政治活動家、「雨宮処凛がゆく! 第533回」9月23日)。

氏は、「コロナによって真っ先に打撃を受けたのは観光や宿泊、飲食業など。これらのサービス業の支え手の多くは非正規女性たちだった。その多くがなんの補償もなく、突然放り出されてしまったのだ。そしてそんな女性の一部は実際に、ホームレス化にまで晒されている」として、「ホームレス化につながる女性がこれほど存在するというのは、貧困問題に16年かかわっていて初めての経験」と、驚きを隠せない。

その背景として「この20年以上かけて『雇用の調整弁』として非正規化が進められてきたこと、特にそれが女性に集中し、働く女性の半数以上が非正規であること、そして同時にこの『失われた30年』で、家族の余力が失われてきたこと」を、指摘する。

さらに4月から支援活動にかかわる中で、「この人、私たちに出会えてなかったら自殺してたかもしれないな」というケースが多々あったことから、「コロナで顕在化しただけで、コロナ以前からこの国は満身創痍だったのだ」と、容赦ない。

年末年始を迎えるこの時期に「また自殺者が増えたならそれは完全に『政治の無策』だ」としたうえで、まずは「必要な人には、何度でも給付を」「できるだけ、簡単な手続きで」と訴え、「それで救える命は確実に、多くある」で締める。前述した、「10～12月が正念場になる」とする永浜利広氏のコメントと考え合わせるとき、事態は極めて切迫している。

本当に「国民のために働く内閣」なら、コロナ禍で窮地に追い込まれている人々を救い出し、看板に偽りがないことを証明せよ。

貧困、ホームレス、そして自殺、これほどまでに追い込まれていく女性たち。それに各種のハラスメントという名の災禍も降りかかる。そんな情況に目もくれず、「女性はいくらでもうそをつけます」と言える国会議員の神経は、度し難し。

政治家としてもヒトとしても問題大有りのあなた。少なくとも国会議員の資格無し。今すぐ外せ！　そのバッジ。

「地方の眼力」なめんなよ

ベーシックインカムと農業政策

（２０２０・10・07）

「新型コロナ禍を受け、かつてなく多くの人々がベーシックインカム――普遍的な社会保障として最低限の所得保障の導入を求めています。具体的には、政府が国民に対して生活に必要な最低限の現金を支給する政策です。……

コロナ禍のベーシックインカムを求める世論の高まりを受け、所得補償・価格保障を速やかに確立することが求められます。そのためにはまず、戸別所得補償を復活させると同時に、日本型直接支払を大幅に引き上げることです」（岡崎衆史《しゅうし》「家族農業は持続可能な新しい食料制度の柱」『国連家族農業10年』農民連編著）

ベーシックインカムの導入で生活保護制度は不要!?

コロナ禍を契機に世界で導入の議論が進んでいるベーシックインカム（basic income：以下、ＢＩと略）とは、最低限所得保障の一種で、政府がすべての国民に対して最低限の生活を送るのに必要とされている額の現金を定期的に支給する、現金給付政策。単純化して言えば、今年４月、全国民に一律10万円を一度だけ給付した「特別定額給付金」を、毎月給付にしたものである。

「エコノミスト」（７月21日号）で、竹中平蔵《たけなかへいぞう》氏（パソナグループ取締役会長）は、「ＢＩを導入することで、生活保護が不要となり、年金も要らなくなる。それらを財源にすることで、大きな財政負担なしに制度を作れる。（中略）ＢＩは事前に全員が最低限の生活ができるよう保証するので、現在のような生活保護制度はいらなくなる」とし、「社会主義国が資本主義にショック療法で移行したときのように、一気にやる必要がある。今がそのチャンスだ」と、煽っている。

BIを出汁に社会保障の削減を目論む、コロナ禍に乗じるショックドクトリン（惨事便乗）型政策提案の臭いが鼻をつく。

ベーシックインカム（現金）の限界とベーシックサービス（現物）の充実

「BIの推進者の多くは、経済の成長志向を抜け出せていない。『経済をより成長させ、より多くのお金を配る。それが幸せだ』。こうした考え方が背景にあるのではないか」と、BI推進論者に懐疑的な井手英策《いでえいさく》氏（慶応大経済学部教授、財政社会学）は、毎日新聞（9月23日付）で、「成長できない社会になっているのならば、その中でどう安心して暮らせる社会をつくるかを考えるべきだ。その際、社会の連帯や公正さを取り戻す方向に進まなければいけない。BIからはそうした国家観や社会観は見えてこない」と、急所を突く。

そして、現金給付ではなく「すべての人が税を負担しながら、生活に欠かせない基本的なサービスを保障しあう『ベーシックサービス（BS）』」、すなわち現物給付の充実を提言する。「医療や介護、教育、子育て、障害者福祉に関する分野をBSとし、みんなで負担することで、できるだけ多くの人たちを受益者にし、安心して暮らせる社会」づくりである。

同紙において、生活保護制度の限界から、以前よりBIを提唱してきた井上智洋《いのうえともひろ》氏（駒沢大経済学部准教授・マクロ経済学）も、「失業や一人親家庭は『お金がない』問題としてBIで解決できるが、老齢や病気、障害などの『ハンディキャップ』はそうではなく、支援を維持・拡充する必要がある。生活保護受給者には重い病気を患っている人も多く、そうした人への医療費支援も残すべきだ。BIは、既存の社会保障を全廃するための『手切れ金』であってはならない」と、警告を発している。

現物としての耕作放棄地

藤原辰史《ふじはらたつし》氏（京都大准教授・農業思想史）は、毎日新聞（8月27日付）において、井手氏のBS充実論を評価し、「食」という「現物」から給付のあり方を論じている。

「コロナ禍で学んだことは、外国からの輸入と外国人労働者に支えられた日本の生存基盤の脆弱性であった。災禍でも耐えられるほどの食を安定的に供給できる社会の構築は金では買えない以上、食に関連する諸制度の充実を抜きにしたBＩの議論は絵に描いた餅となろう」とする。

さらに、「現物といえば、日本列島には膨大な面積の耕作放棄地がある。雇用の場所であり、食料生産の場所である耕作放棄地は、BＩの議論に加わってもおかしくない。（中略）食や医療や介護を市場から切り離して住民に提供することをBＩの前提とすれば、BＩはより効果的になるだろう」と記し、耕作放棄地を食料生産と雇用の場として再生させる意義を示唆している。

BＩとBSの観点から充実した農業政策を求める

日本農業新聞（10月2日付）は、菅内閣発足を受けて行った、同紙農政モニターの意識調査結果を伝えている（1135人のモニターを対象に、9月中・下旬に郵送で実施。747人からの回答を得る。回答者率65・8％）。注目したのは次の4点。

（1）菅内閣を支持するかについては、支持する（62・3％）、支持しない（36・4％）。

（2）菅内閣を支持する理由で、「食料・農業重視の姿勢が見られる」は4・7％で、「その他」を除けば最下位。
（3）菅内閣を支持しない理由については、「食料・農業重視の姿勢が見られない」が29・4％で第1位。
（4）自民党政権の農業政策の評価（大別）は、評価する（44・3％）、評価しない（46・3％）。

以上より、ご祝儀相場で高い内閣支持率は別にして、食料・農業に対する評価は冷静で、決して高いものではない。
日本農業新聞（9月28日付）の論説は、新・立憲民主党に、船出に際し「戸別所得補償制度を柱とした農業振興から農村の維持・活性までを網羅する総合的な政策の体系を提示することが求められる。また戸別所得補償の具体的な制度設計も必要である。現行の個別政策の批判にとどまっては、農村の有権者の心を動かすことはできない。そのためには現場の声をつぶさに拾い、前政権の功罪を検証し、菅政権との対抗軸となる政策を具体的に示すべきだ」と、極めて適切なアドバイスを送っている。

安保法制の廃止と立憲主義の回復を求める市民連合が9月25日に野党に提出した『要望書』においても、「農林水産業については、単純な市場原理に任せるのではなく、社会共通資本を守るという観点から、農家戸別補償の復活、林業に対する環境税による支援、水産資源の公的管理と保護を進め、地域における雇用を守り、食を中核とした新たな産業の育成を図る。また、カロリーベースの食料自給率について50％をめどに引き上げる」ことが、記されている。

政権交代のためだけではなく、農業を持続可能な産業としていくためにも、BI、BSの観点を十二分に踏まえた、農業政策の提案が野党には求められている。

自民党の「WithコロナAfterコロナ　新たな国家ビジョンを考える議員連盟」（会長＝下村博文政調会長）も7月にBI導入の課題について議論を始めたようだ。

悪しき前例を踏襲しない、総合的俯瞰的な観点から、農業政策に関する建設的な議論が展開されることを期待する。

「地方の眼力」なめんなよ

ノーベル平和賞と叫び

（2020・10・14）

「全ての人にとっての食料安全保障（food security for all）の達成、全ての国において飢餓を撲滅するための継続的努力、まず2015年までに栄養不足人口を半減することを目指すとの政治的意思を宣誓する。世界には8億人以上の飢餓・栄養不足人口が存在している。飢餓と食料安全保障は地球的規模の問題であり、世界人口の増加等に鑑み、緊急に一致した行動をとることが必要である」（1996年11月にローマで開催された世界食料サミットで採択された、「世界食料安全保障に関するローマ宣言」より抜粋）

ワクチンができるまで、最善のワクチンは食料

ノルウェーのノーベル賞委員会は10月9日、世界各地で飢餓の解消に向けて食料支援を実施してきた国連の機関「世界食糧計画」（WFP、本部はローマで紛争や自然災害などの緊急時に、被災者や難民らを対象とした緊急援助などを行う目的で1961年設立）に2020年のノーベル平和賞を授与すると発表した。

「飢餓との闘いへの尽力、紛争地域での平和のための状況改善への貢献」などがその理由。加えて、新型コロナウイルスの拡大で飢餓の犠牲者が急増する中で、食料確保に向けて「めざましい能力を発揮した」と称賛されている。レイスアンデルセン委員長は、WFPのデビッド・ビーズリー事務局長が発した「ワクチンができるまで、この混沌に対する最善のワクチンは食料だ」との言葉を引き、コロナ禍に立ち向かう姿勢も高く評価した。

この平和賞は、飢餓による人道危機を直視するよう国際社会に促す重要なメッセージである。

食は生きる希望を与える

「飢餓とは遠い国の出来事だと私たちは思いがちではないだろうか。世界では全人口を賄えるだけの食料が生産されていながら、日々の食事もままならない人が数億人規模に上る。この現実を直視しなければならない」で始まるのは、西日本新聞（10月13日付）の社説。

「世界経済の成長に伴い飢餓人口は減少していたが、近年再び増加傾向に転じている。その要因に、まず中東やアフリカで顕著な紛争や内戦の長期化が挙げられる。異常気象による干ばつや大雨も農作物の被害をもたらす。特に今年はアフリカなどで穀物を食い荒らすバッタの大量発生が重なり、深刻な事態が生じている」ことに、「新型コロナウイルスのパンデミック（世界的大流行）が追い打ちを掛けている」として、解決のためには、「国際社会の結束こそ不可欠だ」と訴える。

さらに我々の食生活に目を転じては、「日本など先進国では食品が余り、食べられることなく廃棄されるフードロスが目立つ一方、子どもたちの食を脅かす貧困問題も深刻だ。日本の子どもの貧困は先進国でも高い水準にある。困窮する子どもらに食事と居場所を提供する『子ども食堂』が近年広がりを見せる。食は命をつなぐのに不可欠なだけでなく、生きる希望も与えるものだ。国際支援の充実とともに、私たちも身の回りで自分にできることを考えたい」とする。

飢餓のパンデミックと食品ロス

食料を巡る世界的状況を「飢餓のパンデミック（世界的大流行）」と呼び、「最も弱い立場にある子どもたちに、しわ寄せが及ぶ」ことを危惧するのは、中国新聞（10月11日付）の社説。

「日本でも一斉休校で給食を食べることができなくなった子たちの問題が浮上したが、そうした子たちは全世界では3億7千万人に上るという。（中略）貧しい国々では給食が1日で唯一の食事であることが多く、それなしには栄養を取れず、栄養不足は病気にもつながる。つまり学校が生命線でもある国々が厳然として存在することを、この機会に私たちは知っておこう」と、学校給食が果たしている重要な役割を強調している。

そして、「食品ロスを減らす運動の広がりは、世界の飢餓の現実を知るきっかけにもなる」として、飢餓問題の解決に一歩踏み出すことを提案。

食品ロス問題を取り上げているのが、福井新聞（10月12日付）の論説。福井県内の食品廃棄物が、２０１３年度の約7万４０００トンから18年度には約8万４０００トンに増加したことを受け、対応は急務とのこと。

「恵方巻きの廃棄を減らす事業者の取り組みを紹介する新聞記事を基に、小学生が食品ロスについて学ぶ授業があった。予約販売を中心にすることで廃棄量を減らせると知り、自分たちでできる対策として捉えていた」と、同県勝山市の事例を紹介し、「子どもたちへの教育も大事だ」と指摘する。そして「食品ロスは、世界の飢餓や地球温暖化など環境の問題とも深く関わっている。（中略）『もったいない』の精神を大切にして大幅なロス削減へ一歩ずつ前進したい」とする。

２０１９年10月に食品ロス削減推進法が施行されてから、10月は「食品ロス削減月間」、今年の10月30日は「食品ロス削減の日」となっている。農水省の推計によれば、17年度の食品ロス発生量は６１２万トンで、国民全員が茶碗１杯分のご飯を毎日捨てているのと同じ量になるそうだ。これだけの食品で、どれほどの命が救えることか。

この叫びが聞こえるか

東京新聞（10月13日付）は、日本世論調査会が行った全国郵送世論調査（8月26日発送、10月5日締切り。18歳以上の男女3000人を対象。有効回答2039人、有効回答率68・0％）の結果を伝えている。注目した回答結果は次の5点。（太字は小松）

（1）今の景気状況（大別）は、「良くなっている」4％、**「悪くなっている」95％**。

（2）本格的な景気回復時期は上位から、「21年7～12月」29％、「22年」27％、「23年以降」17％。**「2021年6月まで」は7％**。

（3）コロナ禍前と比べた家計の状況（大別）は、「良くなった」1％、「変わらない」55％、**「苦しくなった」41％**。

（4）コロナ禍で自分や家族が失職する不安（大別）は、**「感じる」51％**、「感じない」45％。

（5）必要な景気対策（二項目まで選択可）は、上位から、**「コロナ収束対策」56％**、「減税など税制見直し」41％、「資金繰りなど中小企業支援」30％。

ほとんどの人が、短期では回復しない景気悪化を指摘する。ほぼ半数が家計のやりくりに苦しみ、失職の不安を感じている。そして、コロナの収束を願いながら、今をしのぐための税制の見直しや中小企業への支援を求めている。いや、叫んでいる。

9月30日の当コラムで、女性の自殺急増を取り上げた。10月12日に厚労省が発表した9月の自殺者数（速報値）を昨年同期と比較すると、総数は8・6％増の1805人、女性は27・5％増の639人、男性は0・4％増の1166人。8月の40・3％増に比べると増加率は下がってはいるが、決して楽観できるものではない。人々の叫びを為政者はしかと聞け。

「地方の眼力」なめんなよ

再生可能エネルギーで地域再生

（２０２０・10・21）

日本生命保険は２０２１年４月から、すべての投融資の判断に、企業の環境問題や社会貢献への取り組みなどを考慮した「ＥＳＧ」の考え方を採用する。独自に策定した評価基準を用い、経営の透明性や持続可能性の高い企業などへの投資を増やすことで、利回り向上とリスク低減を目指す。（読売新聞10月20日付）

ESGとは、環境（Environment）・社会（Social）・企業統治（Governance）に配慮している企業を重視・選別した投資。

再生可能エネルギーの利用高まる

西日本新聞（10月17日付）は、国連が掲げる「持続可能な開発目標（ＳＤＧｓ）」や、環境や社会的責任を重視する「ＥＳＧ投資」が注目を集める中、二酸化炭素（ＣＯ２）排出量を減らす取り組みで企業の社会的評価を高めるため、使用電力をすべて再生可能エネルギー（太陽光、風力、水力、バイオマス、地熱など）で賄うことを目指す企業が増えてきていることを報じている。そして「電気を使う企業も、ＣＯ２削減の取り組みによって投資家や消費者から『選別』される時代が近づきつつある」とする。

日本農業新聞（10月18日付）の論説も、「農地に支柱を立てて架台を載せ、農地の上で太陽光発電をしながら農業生産にも取り組む営農型太陽光発電の面積が増えている。当初の設備に資金が必要なため、農家が単独で発電事業に参入するのは難しい。優良な連携相手を仲介する仕組みづくりが求められる」と、営農型太陽光発電（ソーラーシェアリング）の広がりを取り上げている。

「エネルギー基本計画」の見直しと再生可能エネルギー

国の中長期的なエネルギー政策の指針となる「エネルギー基本計画」について、経済産業省が見直しに向けた議論に着手した。

これを受けて、山陽新聞（10月18日付）の社説は、「二酸化炭素（CO2）を出さず環境に優しい再生エネを最大限活用し、主力電源として機能するよう意欲的な目標に見直すことが求められる」とし、「再生可能エネルギーの拡大」をそのポイントとする。

しかし18年度の再生エネ比率は16・9％で、脱炭素で先行する欧州各国は30％前後と比べると、「日本の立ち遅れは否めない」とし、事業者への支援の必要性を訴えている。

また、固定価格制度による買い取り費用が電気料金に上乗せされ、家庭や企業の負担が増大していることから、「再生エネの強化と国民負担とのバランスを考慮した議論」を求めるとともに、「原発に対する国民の不信や不安は根強い」ことから、「将来的に原発比率を下げていく道筋を示すべきだ」とする。

期せずしてこの7月に「経済同友会」から出された『2030年再生可能エネルギーの電源構成比率を40％へ』と、「自然エネルギー協議会（会長 飯泉嘉門 徳島県知事）」から出された『自然エネルギーで未来を照らす処方箋』が、30年に再生エネの比率を40％まで引き上げることなどを提言していることを紹介し、「天候に左右されがちな再生エネが主力電源となるには、蓄電池の性能向上や送電線網の拡充なども必要となる。技術開発を促し、設備投資の呼び水となるよう、政府は野心的な目標を掲げ、政策誘導することが欠かせない」とする。

原発の再稼働、さらには新増設までも後押しする読売新聞

読売新聞（10月17日付）の社説は、「温室効果ガスの排出を抑制しながら、電力の安定供給を確保するという課題にどう対処するか。冷静な議論を通じ、現実的な道を探るべきだ」と、再生可能エネルギーの利用促進にくぎを刺す。

再生可能エネルギーの問題点として、「買い取り費用が転嫁された結果、家庭や企業の電気代の負担」が増えることと、発電量の不安定性を指摘する。その不安定性を補うための電源として、「原子力の活用が最も有効だろう」とする。

そして、「政府は、新計画で原発の必要性を国民に説明し、責任を持って再稼働を後押しせねばならない。同時に、国民の原発に対する信頼を取り戻すため、官民で安全を一段と高める技術開発を加速させるべきだ。古くなった施設も多く、原発の新増設についても、論議を深めてもらいたい」とまで述べている。

中国新聞の見識

中国新聞（10月21日付）の社説は、２０１８年度の電源構成実績が6・2％の原発を、30年度に20～22％程度とした18年7月の閣議決定を取り上げ、「福島の事故を受けて安全対策費がかさみ、『安い』というメリットも失われた。（中略）原発ゼロを望む国民の多さを考えると、そもそも達成不可能な目標だったのではないか。依存度の引き下げが進む国際社会の潮流にも逆行している」と、指弾する。

「脱炭素を進めるためにも、再生エネルギーの大幅拡大が必要だ」が、日本は後れを取っている。「発電量が天候に左右されるほか、ドイツなどに比べコスト低減も進んでいない」と、読売新聞同様その問題点を認める。

だが、「政府の意識は経済界より遅れているようだ」とし、前述の経済同友会提言が、30年の再生エネルギーの比率を、太陽光・風力で30％、水力や地熱などで10％と具体的に示したことを、「欧州各国にも引けを取らない高い目標」

と評価する。

実現に向けた、政府による明確な意思表示と政策誘導、積極的で継続的な民間投資等々の条件がそろえば、「国民の意識変革や行動変容がさらに進み、道筋も見えてこよう。エネルギー自給率の引き上げや、温暖化対策の国際公約達成にもつながるはずだ」として、新たな基本計画で、再生エネルギーの拡大へと大きくかじを切ることを政府に求めている。

その背景として、「私たちは、風水害や地震が頻発する災害列島に住んでいることも忘れてはならない。甚大な被害が懸念される南海トラフ巨大地震や首都直下地震が、30年以内に70％前後の確率で起きると予測されている」ことをあげ、「災害に備えて、小規模分散型発電の可能性も各地域で考え」ることを、我々に訴えている。

再生可能エネルギーで地球も地域も持続する

経済同友会の提言は「化石燃料のほぼ全量を輸入に頼る我が国では、温室効果ガス削減のためだけでなく、エネルギーの安定供給と自給率向上のためにも、再エネの大量導入と主力電源化が有効有益であることは論を俟《ま》たない。その実現に向けては、さまざまな課題があり、また一朝一夕で解決できるものではない。しかしながら、再エネの主力電源化は、地球の持続可能性の確保、そして日本の経済発展のために、官民が一体となって知恵を絞り、課題解決に取り組むべき最優先課題である」として、結ばれている。

ソーラーシェアリングが、十数年間耕作放棄地だったところを発電所と優良農地に変えた事例を最近見学した。再生可能エネルギーは、地域再生のエネルギー源となる可能性も秘めている。

「地方の眼力」なめんなよ

所信表明への書信

（2020・10・28）

「私は、雪深い秋田の農家に生まれ、地縁、血縁のない横浜で、まさにゼロからのスタートで、政治の世界に飛び込みました」（2020年10月26日の菅義偉首相所信表明演説より）

公助を最後にしたのはなぜか

秋田魁新報（10月27日付）の社説は、菅氏の所信表明演説における最も注目すべき所として、「自らが目指す社会像として『自助・共助・公助』そして『絆』をはっきりと掲げたことだ」とし、「自助を最初に置き、公助を最後にしたのはなぜか」と問う。

「自助・共助・公助は元々、防災関係者が使っていた用語だ。友人や隣人らによる災害時の共助の重要性とともに、公助充実を訴える意味合いがあった。防災行政で自助と共助は、あくまでも公助の不足部分を補うものというのが基本的な考えだ」と説明し、菅氏の独自解釈が一人歩きすることで、「自己責任に重きを置く社会」になることを危惧する。

新型コロナウイルスの影響などにより「複合的な問題を抱えた生活困難層」が増加している中で、「自助を呼び掛けるのは適切とは言えない」と指摘し、「社会的に立場の弱い人々が声を上げづらくなることがないよう、しっかりと公助の行き届く仕組みづくりを進めなければならない」とする。異議なし。

「自助」だけで成り上がれたのですか

毎日新聞（10月27日付、西部朝刊）は、自助を強調するこの演説が、「現場で汗を流し、苦しみに寄り添う人たちにどう映ったのか」を紹介している。

「国民は既に自助努力をギリギリまでやっている」と、指摘するのは北九州市でホームレスの支援活動を長年続け、生活困窮者らを対象にした福祉施設建設を目指すNPO法人「抱樸《ほうぼく》」の理事長奥田知志《おくだともし》氏（57）。

氏は、「『助けて』と言える社会を」と訴え続けているが、「（3つの助を）序列化するのではなく、自助の横で共助と公助が支える並列の概念にすべきだ。そうでなければ強い人しか生き残れず、困窮者を『自助努力が足りない』とバッシングする自己責任論社会を助長するかもしれない」と警告する。

「本当に地方から出てきた『たたき上げ』なのであれば、一人で成り上がったのではなく、多くの人が応援したからだと思う。そうであれば、首相には自分がしてもらったことを皆にしてほしいし、経験を政策に生かしてほしい」と、凄みのある言葉を穏やかに語っている。

必要な被災地「共助」の支援

菅氏は、「この夏、熊本をはじめ全国を襲った豪雨により、亡くなられた方々の御冥福をお祈りし、被害に遭われた皆様に、お見舞いを申し上げます。（中略）自然災害により住宅に大きな被害を受けた方々が、より早く生活の安定を図ることができるよう、被災者生活再建支援法を改正し、支援金の支給対象を拡大いたします」とも演説した。

同じく毎日新聞には、福岡県を拠点に災害ボランティアを続けるNPO法人「日本九援隊」理事長の肥後孝氏（52）の「政府はコロナ禍にあっても『Go Toキャンペーン』で各地に人を送っているのに、なぜ被災地に安全にボランティアを送る仕組みさえ作ろうとしないのか」と、疑問を呈している。

熊本県では、新型コロナウイルスの感染防止のために県外ボランティアの受け入れが制限され、被災地にメンバーを十分に送り込めない状況が続いている。「被災地に『自助』は不可能だ。政府による『公助』が行き届かないならば、ボランティアなどの『共助』を支援すべきなのに、それさえもしない。被災地を見捨てているようなものだ」と、肥後氏は怒りを隠さない。

ひとつ覚えのインバウンドと農産品輸出

「観光や農業改革などにより、地方への人の流れをつくり、地方の所得を増やし、地方を活性化し、それによって日本経済を浮上させる」として、インバウンドと農産品輸出に期待を寄せている。しかし、市井の人びとは、他国依存の国づくりの危うさをコロナ禍で痛いほど味わっている。国政を預かるものが、他国依存からの方向転換を示すことなく、地方の活性化を語ることは、現場知らずのミスリードも甚だしい。取り巻きも含めて、為政者の最低要件を満たしていない。

日本農業新聞（10月27日付）の論説は、安倍前政権下での農業改革を継承するならば、「その功罪を検証し、何を継承し、何を継承せず、何を是正するのか示す」ことを求めている。

コロナ禍によって、農畜産物の応援消費や貧困家庭への食材の提供など助け合いが広がったことを取り上げ、「社会の基調を、競争から協調、協力、協働に転換するときではないか。新たな社会のグランドデザインも示してほしい」と訴える。

シンガポールと大阪市から学ぶ

演説では、案の定、他国依存を象徴する「食料自給率38%」についての言及はなかった。10月18日付の日本農業新聞は、シンガポールが現在10%の食料自給率を、2030年までに30%にする目標を立てたことを伝えている。その理由はもちろん、コロナ禍によって、マレーシアやフィリピンなど近隣国からの輸入が滞り、9割を他国に依存することの危うさが改めて浮上したからだ。

この記事を読んだとき、「日本の食料自給率向上戦略」に関心が向かうのか、「シンガポールへの輸出戦略」に関心が向かうのか、「国民のために働く内閣」やったら、どっちやねん。

と、思わず慣れぬ関西弁を使ったが、関西と言えば、11月1日に「大阪市廃止」をめぐる住民投票が行われる。よそ者は口出しすな、という声もあるかもしれないが、今後の地方都市のあり方を考える上で極めて重要な問題である。

結論から言えば、「廃止は反対」。その理由は、「地方自治法や住民投票の根拠である大都市地域特別区設置法に大阪市を復活させる規定はない。都構想の推進側は住民投票で敗れても何度でも挑戦できるが、反対派は一度負けたらゲームオーバーだ」（片山善博氏、早稲田大大学院教授・地方自治論。毎日新聞10月24日付）という指摘に依拠している。

ひとつの自治体の廃止という取り返しのつかない事項を決するうえでは、そこに住む人々の大多数（直感的に言うと、有権者のせめて7割以上）が廃止の意向を持つことが不可欠の要件と考える。複数の意向調査からは、僅差とのこと。

僅差で廃止された結果残るのは、無残にもズタズタに切り裂かれた大阪人の心。それで未来に顔向けできますか？

「地方の眼力」なめんなよ

ヘイゾウの挑発と労働者協同組合

（２０２０・11・04）

「正規雇用というものはですね、ほとんど首を切れないんですよ。首を切れない社員なんて雇えないですよ普通。それで非正規というのをだんだんだんだん増やしていかざるを得なかったわけですよ」と、まくし立てるのは、人材派遣会社パソナ会長竹中平蔵氏（10月30日深夜放送のテレビ朝日「朝まで生テレビ！」にて）。

なるほど、「いつでも首をお切りください」という荷札を付けて、生身の派遣社員を送り込んでおられるわけだ。

彼のもう一つの顔は東洋大教授。教え子も同様にして企業に送り出しているのだろう。

経済を回すために？ 違うね。自分の首を切られないために、ハケンとガクセイの首を差し出しているだけだ。

労働者協同組合法案の目的

「この法律は、各人が生活との調和を保ちつつその意欲及び能力に応じて就労する機会が必ずしも十分に確保されていない現状等を踏まえ、組合員が出資し、それぞれの意見を反映して組合の事業が行われ、及び組合員自らが事業に従事することを基本原理とする組織に関し、設立、管理その他必要な事項を定めること等により、多様な就労の機会を創出することを促進するとともに、当該組織を通じて地域における多様な需要に応じた事業が行われることを促進し、もって持続可能で活力ある地域社会の実現に資することを目的とする」と、第一条でその目的を宣明するのは、労働者協同組合法案。

与野党全会派の賛同による議員立法で先の通常国会に提出されたものの、継続審議となり今臨時国会に持ち越された。

労働者協同組合（労協）の意義

東京新聞（10月11日付）は1面で、働く人が自ら出資し、運営にも携わる「協同労働」という新たな働き方を可能にする同法案が、今臨時国会で成立する見通しであることを報じている。「新型コロナウイルスの影響で廃業や雇い止めも相次ぐ中、労働者が自ら仕事を創り、生き生きと働ける新たな選択肢」として注目される協同労働の考え方は、「現代社会で働く多くの人たちが、意欲や能力に見合った就労の機会を与えられず、失職する恐怖や疎外感にも悩まされているという問題意識に根ざし」「地域社会の要望に沿った、やりがいを感じられる仕事を住民が自ら創り、主体的に働ける仕組みとして」、考え出されたことを伝えている。

同法案は、労働者協同組合（以下、労協と略）が、組合員の「出資」「意思反映」「事業従事」という3原則に基づいて運営されることを規定するとともに、労働契約も締結し、組合員の最低賃金などが守られるようにしている。設立に際しては、3人以上の発起人を要するが官庁の認可は不要。事業も労働者派遣事業以外はどのような業種も可能で、極めて使い勝手のいいものとなっている。

記事では、「地域の需要があるのに担い手がいない事業への参入」、例えば、「後継者不在で廃業を考えている中小企業の仕事を、従業員が労協を設立して引き継ぐ」（継業）や、「訪問介護や学童保育を、意欲のある人たちが労協を立ち上げて担う」（起業）などをすすめている。

法の目的に鳥肌が立つ

東京新聞（10月17日付）は、法制化に尽力した団体関係者の談話を紹介している。

ワーカーズコープ連合会理事長の古村伸宏《ふるむらのぶひろ》氏は、「取り組む事業は農林業などの一次産業や環境、福祉など多様な分野で、持続可能な地域づくりにつなげる」可能性を指摘し、「国連の『持続可能な開発目標（ＳＤＧｓ）』に絡み気候問題を食い止める際、デモやストライキなどにとどまらず、この法律を使って、未知の事業を生み出す若者もいるかもしれません」として、「私たちの想像を超えた人々、事業に使われるのが、すごく楽しみです」と語っている。

法案第一条（目的）の、「組合員が出資し、それぞれの意見を反映して持続可能な地域社会の実現に資する」と言う趣旨が自分たちの目指す考えそのもので、「鳥肌が立ちました」と語るのは、ワーカーズ・コレクティブネットワークジャパン代表の藤井恵里《ふじいえり》氏。「メンバーが出資し合い、より広い事業を展開できるようになります。今ある法人格の中で、私たちに一番合う形態なんじゃないかと考えます。（中略）企業に雇われて働くというのが当たり前という意識が強い中、まず協同労働という働き方が広がる機会になれば」と、期待を寄せている。

「小さな協同」への大きな期待

日本農業新聞（8月18日付）の論説は、「この新しい協同法制による持続可能な社会の創出、そのための協同組合間連携の強化に向けて、関係者は議論を深めるべきだ」とする。

ＪＡや生協が「大きな協同」だとすれば、同法案が念頭に置いているのは「小さな協同」。この「小さな協同」が、「暮らしや地域の課題に直結した場所から仕事を興し、同時に社会課題の解決にも貢献する」ことに、「高い今日性」を認めている。

現在、「組合員のボランティアで支えられている」取り組みを労協化し、地域に雇用の場を創出するとともに資金を地域内で循環させる。そして、「JAは外側からその活動の継続や経営管理を支えるという構想」を描いている。その実現に向けて、「新たな協同法制を使った協同間連携のあり方について議論を深め」、地域社会の活性化に向けた「新しい協同」の創出を提起している。

三人寄れば文殊の知恵

同紙（11月3日付）の論説では、ふたつの視点から同法案を「新たな働き方や地方の活性化に弾みをつける、協同組合史に刻まれる画期的な新法だ」と、最大級の評価を与えている。

ひとつは、会社に雇用されるといった従属関係ではない、労働者主体の「新しい働き方の選択肢」として。

もうひとつが、「農山漁村での仕事づくり」である。地方移住の関心が高まっている。東京一極集中に象徴される極端な人口の偏在から、適疎な社会づくりを目指すうえでは、地方移住政策は不可欠である。しかし、「仕事がなければ夢物語で終わる」ことから、「協同組合の仕組みを使って、地域に『起業』『継業』、半農半Xのような『多業』を促進したい」と、訴えている。

「首を切れない社員なんて雇えない」のが本当に「普通」だとすれば、解雇される前に、縁を切れ。労協設立には3人以上の発起人が必要だが、「三人寄れば文殊の知恵」。人間らしい、新たな世界がそこから見えてくる。

「地方の眼力」なめんなよ

ヒデキとハリス　（２０２０・11・11）

「自分にコントロールできないことは一切考えないですね。考えても仕方ないことだから。自分にできることだけに集中するだけです」と語ったのは、元大リーガーの松井秀喜《まついひでき》氏。

まったく関与できない日本人に、朝から晩まで、アメリカ大統領選挙の動向を垂れ流す報道にうんざりしていた時、氏の名言を思い出した。

自分の力ではまともな答弁もできない菅首相を、関与権を持つ日本人から守るのには、格好の時間つぶしなのだろう。

10月の自殺者急増

貴重な時間がもてあそばれる間に、貴重な人生に自ら幕を閉じねばならない人たちが増えている。

9月30日の当コラム「早まるな！女性たち！」で危惧していた事態が現実となってきた。女性の自殺者の増加である。そして、男性の自殺者数までもが増加している。

11月10日に警察庁が発表した10月の自殺者数（速報値）は、女性８５１人、男性１３０２人、総数２１５３人。いずれも今年最多。１か月の死者が２０００人を超えるのは、２０１８年3月（２５００人）以来のこと。

対前年同月比で、女性82・6％増、男性21・3％増、総数39・9％増。この増加率に慄然《りつぜん》とする。

先のコラムで紹介した、「雇用環境の悪化が本格的に現れるのは景気悪化の半年後のため、10～12月が正念場になる」

とする永浜利広（第一生命経済研究所首席エコノミスト）氏のコメントが現実味を帯びている。

雨宮処凛（作家・政治活動家）氏の、年末年始を迎える時期に「また自殺者が増えたならそれは完全に『政治の無策』だ」、まずは「必要な人には、何度でも給付を」「できるだけ、簡単な手続きで」「それで救える命は確実に、多くある」との悲痛な訴えを、今回もまた紹介しておかねばならない。

今も、まさに緊急時です

しかしこの叫びが為政者に届くかどうか、悲観的にならざるを得ない。

時事通信（10月26日17時43分）は、「財政制度等審議会（財務相の諮問機関）は26日、歳出改革部会を開き、新型コロナウイルスの感染拡大で打撃を受けた中小企業の支援策について議論した。財務省は、持続化給付金や家賃支援給付金に関して『緊急時の対応だ』と指摘し、申請期限を迎える来年1月15日に予定通り終了するよう提言した。ただ、中小企業の経営環境は依然厳しく、提言には反発が出る可能性もある。（中略）26日の部会に出席した委員からは、持続化給付金などについて、『事業が芳しくない企業の延命に懸念を持っている』といった声が続出。予定通りの終了を支持する意見が大勢を占めた。一方、『感染の収束状況に応じて柔軟に検討できるよう経過措置を設けるべきだ』と慎重な対応を求める意見もあった」ことを伝えている。

荻原博子《おぎわらひろこ》（経済ジャーナリスト）氏は、『サンデー毎日』（11月22日号）において、誰も予期していなかったコロナ禍によって中小企業は苦しんでおり、決して意欲や努力の欠如ではない、とする。

そして、わが国では勤労者の7割が中小企業に勤めていることから、「従業員10人の会社が倒産しないように支えれば、家族を含めて40～50人が路頭に迷わずにすみます」として、緊急支援の必要性を指摘する。

悪夢の先祖返り

英国にも同様な事態が起こっていることを、ブレイディみかこ氏（英国在住保育士、コラムニスト）が西日本新聞（11月11日付）で教えている。

英国では、貧困層の家庭の子どもに無償で給食を提供しているが、ロックダウン（都市封鎖）で休校中には、スーパーなどで使えるバウチャー（voucher：引換券）を配付することで給食が代替された。この制度を21年の春休みまで延長する案が10月に下院議会で否決された、とのこと。

この動きは、コロナ禍にあって「助け合い」のムードが盛り上がって生まれた「寛大な政治」が、「社会などというものはありません」という過激なメッセージを発し、「自助」を信じた故サッチャー元英国首相によって確立された、英国の新自由主義思想によって立つ政治経済体制に戻りつつあることを意味している。

ブレイディ氏は、「そもそも『飢えた子どもにも食べさせる』というシンプルな原則を曲げるのに自助だの責任だの道徳めいたことを持ち出すのは、正当化しなければならない経済政策が裏にあるからだ」と、経済政策そのものに疑問を投げかける。

そして「コロナ禍は人間や社会を前進させると言われてきたが、果たしてそうだろうか」と、悪しき先祖に返りかねないことを危惧している。

心に届く言葉を発し続ける

「私が初の女性副大統領になるかもしれませんが、最後ではありません。すべての幼い女の子たち、今夜この場面を見て、わかったはずです。この国は可能性に満ちた国であると。私たちの国の子どもたちへ、私たちの国ははっきりとしたメッセージを送りました。ジェンダーなどは関係ありません。野心的な夢を抱き、信念を持って指導者となるのです。そして他の人とは違った見方をするのです。皆さんの一歩一歩を見届けます。アメリカ国民の皆さん、どちらへ投票したかは関係ありません」と語る、米国の副大統領につくことが確実なハリス上院議員の演説には、不覚にも涙腺が緩んでしまった。

西日本新聞（11月11日付）において、「トランプ氏の粗野な言動が繰り返された後に聞く彼女の演説には、包容力を備えた言葉の強さと温かさがあった」と評価するのは、神屋由紀子《こうやゆきこ》（同紙論説委員）氏。

氏は、そのすぐ後に「私たちの国は菅義偉政権になり、2人の杉田氏を巡って多様性を考えさせられる問題が起きた」とする。

日本学術会議人事でも強い関与がうかがえる杉田和博官房副長官と、「女性はいくらでもうそをつける」として性暴力被害者が虚偽申告するかのような発言をした自民党の杉田水脈《すぎたみお》衆院議員をあげ、「これが政権与党の多様性ですか」と皮肉る。

そして「多様性を語るには人々の境遇に想像力を働かせ、異論に耳を傾ける姿勢が肝要だ。ハリス氏のような心に届く言葉を備えた政治家は日本にどれだけいるのだろう」と、慨嘆《がいたん》する。

しかし、あれほどのスピーチができる政治家を生み出した国でさえ、トランプ氏を生み出し、7100万人超が彼を支持した。

我々にできることは、微力ながらも、自らが関与できる場所で、ひとりでも多くの人の心に届く言葉を発し続けること。

「地方の眼力」なめんなよ

「種苗法の一部を改正する法律案」を廃案へ

（2020・11・18）

「菅氏は同じ事をひたすらしゃべる、答弁する、すなわち『オウム戦法』に徹したのが功を奏したようで、支持率の大きな下落はまぬがれた。どうやら、国民には〝善戦〟しているように映っているらしい」（小林吉弥《きちや》氏・政治評論家、日本農業新聞11月15日付）。確かに、共同通信社の世論調査（11月14・15日実施、回答者数1014人）によれば、菅内閣を「支持する」が63・0％、「支持しない」が19・2％となっている。これが〝善戦〟の証だとすれば、国民も国会も甘く見られたもんだ。

対話を放棄する首相

朝日新聞（11月14日）の社説は、「都合の悪い質問には答えない。どのように聞かれても、用意されたペーパーの棒読みを繰り返す。政治家として、自らの言葉で語ることもほとんどしない。これでは議会政治の根幹をなす『対話』の放棄と批判されても仕方あるまい」「衆参両院の代表質問と予算委員会の計7日間で、首相が『お答えを差し控える』などと、事実上答弁を拒んだのは計62回。テーマ別では学術会議問題の42回が最も多い」ことを紹介したうえで、「こんな首相の国会への向き合い方を、与党が『安全運転』と受け止めているのも驚きだ。立法府の行政監視機能の立て直しなどおぼつかない」と、憂慮の念を示す。

今国会も課題山積。「予算委の集中審議や昨年6月以来となる党首討論を開き、議論を深めるべき」とする。

農業者との対話はあるのか

今国会で熟議されるべき法案のひとつが「種苗法の一部を改正する法律案」。

日本農業新聞（11月18日付）によれば、「優良品種の海外流出を防ぐため、品種登録時に『国内限定』などの利用条件を付けられるようにする他、農家による自家増殖に開発者の許諾を必要にするのが柱」とされる同法案は、17日の衆院農林水産委員会において賛成多数で可決された。19日にも衆院本会議で可決し、参院に送付される見通しである。なお、農家の負担増への懸念を踏まえ、「種苗の適正価格での安定供給、自家増殖の許諾手続きの適切な運用などを政府に求める付帯決議」も採択された。

神戸新聞（11月14日付）の社説は、「開発者の権利を守ることに異存はない。それには海外での登録促進や不正栽培の監視などの対応を格段に強める方が効果的ではないか」とする。

そして、主要農作物である米、麦、大豆の種子の安定的生産及び普及を促進するために制定されていた「主要農作物種子法」を2018年4月1日に廃止したことと重ね合わせて、「農水省は小規模農家や食の安定供給を軽視している、と農業者が不安に思うのもうなずける」と、農業者の視点を強調する。

さらに、種子法廃止を受け兵庫など20以上の道県が、公共の種子を守る条例を設けたことと、種苗法改正についても三重県議会や札幌市議会などが慎重審議を求める意見書を可決済みであるなどを取り上げ、これらの動きを「政府は真剣に受け止め、農業者との対話を重ねる必要がある」と、対話を求めている。

開発者重視がもたらすもの

信濃毎日新聞（11月16日付）の社説は、「改正によって農家が高い許諾料を払わされたり、少数の大手メーカーが種の供給を支配する方向に進んだりしないか。農業関係者の間に強い懸念がある。（中略）問題は農業の将来を大きく左右する。国民の理解も深まっていない。立ち止まり、改正の影響と効果を十分に論議すべきだ」と、熟慮を促す。

さらに、問題を「作り手重視か開発者重視か」と捉え直し、開発者が公的機関ではなく民間企業それも大企業となることを想定し、「農業の多様性が失われていく事態を想起するのも、杞憂《きゆう》とは片づけられまい」と、展開する。

相手国で品種登録を進めることを効果的な海外流出阻止策とし、政府に「開発者に海外での登録を促し、ノウハウの支援などに力を注ぐ」ことを求める一方で、「それぞれの地域の風土に合った農業を育てる姿勢が、政府に欠けている」と、指弾する。

そして、今求められているのは、「農家の視点」からの種子関連政策の見直し、とする。

脅かされる「食料主権」

日本農業新聞（11月16日付）の論説は、「種や苗を次期作に使うことは国際的にも認められた『種の権利』である。現行法でも自家増殖した種苗の海外への持ち出しは違法だが、なぜ登録品種全般に許諾制の網を掛けるのか」と疑問を呈する。

流出防止の核心は、「同省も認めているように輸出国での品種登録」として、「海外での育成者権の行使に向け包括的な支援の充実こそ急務」とする。

加えて、「改正案は『食料主権』に関わる内容を含むだけに、幅広い利害関係者の意見もくみ取りながら、将来に禍根を残さない慎重かつ徹底した審議」を求めている。

東京新聞（11月17日付）の社説も、「農業競争力強化支援法は、民間の参入意欲を高めるためとして、自治体が持つ種苗生産のノウハウを民間に開放するよう求めており、それに基づいて、都道府県に米などの優良品種の開発を義務付けた主要農作物種子法を廃止した。公共の安価な種子がいつまでも手に入るという保証はない。（中略）種子の購入量が増えることで、海外の種子メジャーによる市場支配が進み、農家が痛手を受けるのではという不安の声も多くある」として、この法改正が「多くの農家にとって不安の種になっているという現状を直視して、さらに議論を尽くしてほしい」と、訴える。

ネタはあがっている

知的財産戦略本部による『知的財産推進計画２０１７』の36頁には、（育成者権の効力拡大）として「育成者権者の正当な利益を確保することで、新品種開発を促進するため、種苗法において原則として育成者権の効力が及ばない農業者の自家増殖について、農業生産現場への影響に配慮しつつ、育成者権の効力が及ぶ植物範囲の拡大を図る。（短期・中期）（農林水産省）」と、明記されている。

さらに、２０１７年12月26日に開かれた「検証・評価・企画委員会産業財産権分野会合」（第2回）で、農林水産省知的財産課長は、自家増殖の問題点のひとつとして、「自家増殖を認めると、果実などは1本苗があると永久に自分で増殖できることになり、なかなかビジネスの対象になりにくいということなので、自家増殖が認められている分野については、民間の参入が非常に阻害される……」と報告している。

農水省が、農業者の権利縮小、種苗育成者の権利拡大を目指して、「種苗法の一部を改正する法律案」を提出していることは明らかである。農水省の農業者軽視の姿勢を糺《ただ》し、わが国の「食料主権」を確立するために、同法案は廃案にすべし。

「地方の眼力」なめんなよ

慌てるなかれ川辺川ダム

（2020・11・25）

川辺川ダムとは日本三大急流の一つ、熊本県の球磨川で、支流の川辺川にダムを建設する計画。球磨川流域で相次ぐ水害を受け、国が1966年に計画を発表した。建設賛成派と、水質悪化などの環境破壊を懸念する反対派が対立してきた。用地買収はほぼ完了したが、熊本県の蒲島郁夫《かばしまいくお》知事が2008年9月に計画反対を表明し、翌09年9月に当時の民主党政権が中止方針を示した。今年7月の豪雨で球磨川が氾濫し、ダム計画を巡る議論が再燃。国は10月、仮にダムが建設されていれば、人吉市の浸水域が約6割減少したとの検証結果を公表していた。（西日本新聞11月20日付の「ワードBOX」より）

「脱ダム」から「ダム容認」へ

蒲島知事は11月19日の熊本県議会全員協議会で、最大支流の川辺川へのダム建設を容認する考えを表明した。「命と環境を守ることを両立させる」との考えに立ち、現行の貯留型ダム計画の廃止と、環境に配慮した「新たな流水型ダム」（穴あきダム）の建設を国に求めるとのこと。2008年の「脱ダム」から、ダム建設を前提とした「流域治水」

への転換である。

建設通信新聞（11月24日付）によれば、蒲島知事が20日、赤羽《あかば》一嘉《かずよし》国土交通相と国土交通省で会談し、貯留型としていた川辺川ダム建設計画の完全な廃止や、それに代わって環境に配慮した流水型ダムの川辺川への建設などを要請した。赤羽国交相は「国として全面的にしっかり受け止めたい」と返答し、流水型ダム建設の検討を速やかに始める考えを示した。今後は、国、県、市町村が２０２０年度末にまとめる球磨川流域治水プロジェクトに流水型ダムの建設を位置づけるとのこと。

ダム完成までには長期間が予想されるため、河床掘削や堤防整備など、早期に着手可能な対策もハード・ソフト両面から必要と訴える蒲島知事に対して、赤羽国交相は「命と環境は大事な視点だ」と同調し、「しっかりとスピード感を持って検討に入らせてもらう」と答えた。早期の事業化に向け、環境アセスメントも効率的に進めるとのこと。

民意が割れているなかでのダム推進

熊本日日新聞（11月20日付）の社説は、「ダムの白紙撤回後、蒲島知事・流域首長・国交省は、長期間ダムによらない治水策を協議しながらついに結論を出せなかった。結果的に、死者50人を出す惨事を迎えてしまった責任は極めて重い」と指弾する。

そのうえで、仮にダム建設に進むとしても完成までに10年前後の年月がかかるので、「早急に実施できる治水対策の方が重要になる。何よりも来年、再来年といった目前の出水期に備えなければならないからだ」として、今すぐ実施可能な対策に全力を傾け、流域住民の不安を和らげることを求めている。

また、ダム容認に変わった理由として「民意」をあげているが、次の世論調査から民意が割れていることは明らかだ。

まず、12年前に蒲島知事がダム計画を白紙撤回した際に同紙と熊本放送が行った電話世論調査では、流域住民の82・5％が知事の決断を支持。不支持は13・9％。

今年10月、共同通信が実施した流域7市町村の住民アンケート（３００人面接）では、川辺川ダムを「必要」が29％、「不要」が34％、「どちらとも言えない」が37％。

賛否を巡って依然として意見が大きく割れている中で、ダム建設推進にかじを切ったことに疑問を呈している。同紙（11月13日付）の社説では、知事が出席した流域住民らを対象にした意見聴取会でも、「住民らからはダムの賛否だけでなく、堤防強化や川底掘削などダムによらない治水を求める声も多く挙がった。ただ、知事は意見聴取を終える前から『民意は大きく動いていると感じている』と述べた」ことから、「住民らが『ダム容認の材料を集めているのでは』といぶかしがるのも無理はない」として、「民意の捉え方について、住民が納得できるよう説明を尽くすべきだ」とする。

国交省、県、市町村による球磨川流域治水協議会が本年度中に具体的な対策をまとめることになっているが、その協議会は「住民参加を想定していない」ので、「民意を反映させるためにも、住民を交えて議論する場を置くべきだ」と提起している。

根拠不十分の決断

「決断の根拠は不十分だ」とするのは、毎日新聞（11月20日付）の社説。理由としてあげられているのが次の3点。

（1）国が出した「浸水範囲を6割減らせたとの推計」の前提は貯留型ダム。流水型ダムでの算定し直しが必要。

（2）環境への影響を懸念した反対の声も少なくなく、民意は割れたまま。

（3）国内最大規模となる流水型ダムが、川辺川の清流に与える影響は不透明。

こうした疑問点について、住民の懸念に応えるような説明を求めている。

国は、ダムや堤防だけに頼る治水には限界があるという認識に立ち、地域ごとに、遊水地の活用や移転の促進、避難計画策定などハード、ソフト両面の対策を組み合わせ、総合力で災害に対応する「流域治水」という新たな考え方に転換している。

球磨川流域についても、素案を策定中だから、まずはそれに基づいたビジョンを提示すること。それをたたき台にして、「ダムは必要か、必要なら役割をどう位置づけるかを検討」し、「他の治水対策が止まることがあってはならない」とする。

ダム建設にスピード感は無用

「拙速の印象が拭えない判断である」で始まる日本経済新聞（11月19日付）の社説は、「一日も早い対策を求める地元の気持ちはわかる。だが、被災の記憶が覚めやらぬうちに長期にわたる対策の是非を判断すると、将来に禍根を残すというのが多くの災害で得た教訓だ」として、「川辺川ダムの是非は総合的に検証したうえで結論を出すべき」と、警告する。

国が「ダムがあれば浸水は6割減ると試算した」ことを、「推進したい国の試算は過大になりがちだ」とは日経らしくない？

「『ダムがあれば安心』との空気が広がれば総力戦が必要な流域治水を妨げかねない」と、その動きを戒めている。

しかし、気象変動への危機感以上にダム建設を急がせるクラスターが存在する。

ひとつは、「ダム事業が再開できるこの機会を逃すべきではない」とする官僚（西日本新聞11月11日付）。

もうひとつが、建設業界。もちろんダム受注の機会をうかがうゼネコン。地元建設業界は、ダム本体建設の受注能力がないためうま味はないが、「国に逆らえない。国交省がダム推進なら、全力で付き合うしかない」そうだ（熊本日日新聞11月18日）。

西日本新聞（11月24日付夕刊）によれば、蒲島知事は11月24日に面会した流域自治体の首長に、「スピード感を持って、国や市町村と一体となって進める」と語っている。

蒲島氏の、12年間の空白を埋めようとするスピード感あふれる「堰を切ったような」言動は、本当に縁起でもない。「地方の眼力」なめんなよ

（2020・12・02）

主権者教育が必要なのは誰か

主権者教育推進会議（文部科学省の有識者会議）は、11月2日に今後の主権者教育の方向性を示す「今後の主権者教育の推進に向けて（中間報告）」をまとめた。

主権者教育推進会議の提言

同会議は、「教育は、人格の完成を目指し、平和で民主的な国家及び社会の形成者として必要な資質を備えた心身ともに健康な国民の育成を期して行われなければならない」（教育基本法第一条）、「良識ある公民として必要な政治的教

養は、教育上尊重されなければならない」（同法第十四条）に基づき、選挙権年齢の満18歳への引き下げ（２０１５年）、成年年齢の満18歳への引き下げ（22年）を踏まえ、新学習指導要領の下で、主権者教育の一層の充実を図ることが求められていることを背景とし、「主権者として必要な資質・能力を、各学校段階における学びを通じて、あるいは家庭や地域における学びを通じて、社会総がかりで児童生徒に育成する観点から、今後の主権者教育推進の方向性」について中間的な提言を行った。

具体的には、学校、家庭、地域における主権者教育の充実と、その充実に向けた「メディアリテラシーの育成」である。

メディアリテラシーとは、社会をつくる主権者としての主体形成に求められる、「多様なメディアから適切かつ効果的に必要な情報を収集する能力」と「公正に判断し自分なりの意見を構築する能力」を意味している。玉石混淆《ぎょくせきこんこう》の情報洪水の時代において、涵養《かんよう》することが重要かつ困難な能力である。

教員に尻込みさせるな

この提言を社説などで取り上げている、唯一とも言える読売新聞（11月29日付）は、「主権者教育の本質は、一人ひとりが社会の一員として、物事を多面的に考え、判断できるよう育てることにある。学校現場は改めて、その重要性を認識してほしい」と強調し、「新聞や公的な資料、統計データなども用いて多様な情報や見解に触れ、妥当性や信頼性を的確に判断できるようになることが不可欠」とする。

政党の公約についても、「『難しくてわからない』と決めつけず、まずはパンフレットなどを手に取ってほしい」と訴え、校則や校内のルールを学校が押しつけるのではなく、生徒自ら考える試みなども有効ではないか。自分の声で、世の中が変わることを実感でき、選択に責任を持つことにもつながるはずだ」と提案する。

「主権者教育に取り組む教員の育成」についても言及し、「政治的中立性の確保が難しいとして、尻込みする教員は多い。指導技術の向上を図り、生徒と共に社会と向き合う時間を増やしてもらいたい」と訴える。

菅首相が引き起こした日本学術会議会員の任命拒否事件は、間違いなく「尻込みする教員」を増加させる。「指導技術」の向上では克服できない、政治圧力だからだ。

「中立性の確保」のためにも、おかしいことはおかしいと言わねばならない情況にある。保守系の読売新聞にも、教員を尻込みさせるような政治的圧力には、ペンの力で戦うことを期待する。

ハードルが高い「不支持」の選択

これまでの主権者教育がもたらしたものかどうか、にわかに判断はつきかねるが、毎日新聞（11月24日付）は、同紙と社会調査研究センターが11月7日に実施した全国世論調査において、世代間の意識の差がくっきりと表れたことに注目し、その背景を探っている。

（1）全体では57％だった内閣支持率は、18～29歳が80％と最も高率。

（2）政党支持率は自民党が最も高く37％だったが、18～29歳は59％と際立って高い。

（3）首相が学術会議の会員候補6人の任命を拒否したことについて、「問題とは思わない」と回答した人は、18～29歳が59％で最も高い。「問題だ」と答えた人は、逆に18～29歳が17％で最も低い。

この傾向について、社会調査研究センター社長の松本正生《まつもとまさお》氏（埼玉大教授・政治意識論）は、「若い世代の『今を変えたくない』『変わってほしくない』という『現状維持』の志向が表れている。『保守』というよりも『保身』と言うべきで、政治的な意味での保守化とは次元が違うのではないか」と指摘する。

中西新太郎氏（関東学院大教授・社会学）も、「若い世代は日本社会の将来について明るい見通しを持っていない人が多数派だ。現状は格差社会で『生きにくい社会』だ。それでも、若者が現状維持志向なのは『これ以上ひどくならないように』との思いからだ」と語っている。

また、若者に社会や政治への参加を呼び掛ける団体「NO YOUTH NO JAPAN」代表の能條桃子《のじょうももこ》氏は、自分と同世代の政治意識の傾向に「違和感はない」「積極的な支持というより、消極的な支持では」と分析する。

「政治に限らず『ノー』と言うには、きちんとした理由が必要。内閣についても基本は『イエス』から始まり、どうしても許せないときに初めて『ノー』という選択肢が出てくる」との氏の説明は、極めて興味深い。

「NO」「不支持」の選択は、理路整然とした理由や対案を求められる。確かに、選択する時の「ハードル」は高い。

「これまでの人生で、世の中が上向きだったことがない。20年後はもっと悪いだろうなというイメージがある。政治に対する期待感は他の世代と比べて低い」という言葉は、上向き時代に育ってきた当コラムの胸に重く、鋭く突き刺さる。

若者に勇気づけられる

だからこそ、堂々と根拠ある主張を行う若者の存在には勇気づけられる。

西日本新聞（12月1日付）によれば、日本学術会議が推薦した新会員候補者6人が任命を拒否された問題で、高校生や大学生が11月30日、首相官邸前で拒否理由の説明や6人の任命を求める抗議集会を開いた。「ACADEMIC FREEDOM」と記載したボードを掲げて「学問を守れ」と声を上げた。主催者側によると、約80人が集まった。7人の高校生と大学生が順番に「学問の自由を揺るがす恐ろしい事態だ」「将来、学者を目指す学生にも影響を与える」などと訴えた。

発起人の都内の私立校2年田原千尋《ちひろ》氏は「私たち高校生も主権者。自分たちがどう生きて行くかは、自由な学びがあってこそ見つけていけるものだ」と語っている。

そうなんだ。君たちは立派な主権者なんだ。主権者教育が必要なのは、菅義偉、あんたなんだよ！

「地方の眼力」なめんなよ

よしかわにしかわモウケッコ～

（2020・12・09）


「人間が月にでも行こうという時代に、私はこの階段を1人で上がることができません。目の前の部屋が月よりも遠い」と語ってくれたのは、同じ県営住宅に住んでいた足の不自由な方。30数年前のこと。

探査機はやぶさ2が届けてくれた小惑星リュウグウの砂の分析には、生命のキゲンに迫る研究の進展が期待されている。

しかし地上では、コロナ禍において生命にキケンが迫っている人が増えている。12月8日の新型コロナウイルス感染による死者は過去最多の47人。同日時点の重症者は536人。

九州の主要地場企業の叫び

西日本新聞（12月8、9日付）は、同紙が11月17日から12月2日に九州の主要地場企業141社を対象に実施したアンケート調査（119社より回答）から、多くの企業が苦慮し、景気の先行きに不安を抱いていることを伝えている。

注目した回答は、次の4点（太字は小松）に整理される。

（1）景気の現状認識は、**「後退」18・5％**、**「緩やかに後退」22・7％**、**「足踏み状態」46・2％**、「緩やかに拡大」12・6％、「拡大」はゼロ。「後退」「緩やかに後退」「足踏み状態」とした要因（104社、複数回答）については、「コロナ感染拡大に伴う需要減」が84・6％で最多。

（2）コロナ禍の自社への影響は、**「マイナス」49・6％**、**「ややマイナス」26・9％**、「ややプラス」10・1％、「プラス」7・6％。

（3）政府のコロナ対策への評価は、**「不満」10・1％**、**「やや不満」29・4％**、「やや満足」24・4％、「満足」0・8％、「分からない」32・8％。

（4）政府などに求める景気対策（3つまで回答）は、**「新型コロナ対策の拡充」79・8％**、「規制緩和の推進」26・9％、「地方創生への取り組み」25・2％が上位3項目。ちなみに、**「携帯電話料金値下げなどの家計対策」は3・4％**、**「地方銀行の再編」はゼロ**。

以上より、「コロナ感染拡大に伴う需要減」を最大の要因として、9割の企業が景気を「後退」「足踏み」状態にあると認識している。また4分の3の企業はコロナ禍によって「マイナス」「ややマイナス」の影響を受けている。政府の対策についての評価は分かれているが、4割の企業が「不満」「やや不満」とし、8割が「新型コロナ対策の拡充」を求めている。菅首相が力を入れている、携帯電話料金値下げや地方銀行再編への期待はほとんどない。

収束見えぬ高病原性鳥インフルエンザ

農業に目を転ずれば、高病原性鳥インフルエンザの感染拡大にブレーキがかからない。日本農業新聞（12月7日付）によれば、11月5日に香川県三豊市で発生が確認されて以降、12月6日までに香川、福岡、兵庫、宮崎、奈良の5県で

16例、計21農場、213万7000羽が殺処分対象となった。

そして、12月7日、広島県三原市の養鶏場でも高病原性鳥インフルエンザが確認された。

中国新聞（12月8日付）の社説は、「施設に隙間がないかどうかのチェックや防鳥ネットの設置をいま一度、徹底したい」と訴えるとともに、「パンデミック（世界的大流行）を今年引き起こした新型コロナウイルスも、野生動物由来の感染症とみられている」ことから、「自然界からの『警告』と受け止めるべきではないか」とする。

そして、国連が今年9月に打ち出した、人と家畜、野生動物を一体として健全に保つ「ワンヘルス（一つの健康）」の視点を紹介し、「長い目で持続可能な畜産を共に考えていくことを、私たち消費者も忘れたくはない」と提起する。

愛媛新聞（12月8日付）の社説は、「鳥インフルが発生した養鶏場では家畜伝染病予防法に基づき殺処分が行われるほか、近隣の養鶏場では鶏や卵の移動制限がかけられる。新型コロナウイルスの感染拡大による経営への影響もある中、鳥インフルの感染が重なれば、養鶏農家への打撃は計り知れない」と、その経済的影響に言及し、「養鶏農家への支援拡充や風評被害の防止対策を早急に検討すること」を自治体に求めている。

病める政治家　ＧＯ ＴＯ ホスピタル

ニワトリには何の罪もないが、病も事件も、時と場所を選ばない。

毎日新聞（12月2日付）は、「吉川元農相に数百万円」の見出し記事で、大手鶏卵生産会社「アキタフーズ」（広島県福山市）グループの元代表が、元農相の吉川貴盛《よしかわたかもり》衆院議員に現金数百万円を提供したと周囲に説明し、東京地検特捜部に対しても事実関係をおおむね認めていることを伝えている。

元代表が日本養鶏協会特別顧問として、「鶏卵の取引価格が下落した際に基準価格との差額を補填する『鶏卵生産者経営安定対策事業』や、家畜をストレスのない状態で飼育する『アニマルウェルフェア』の基準について、国や国会議員に陳情を重ねて」おり、「吉川氏にも働き掛けていたとみられ、現金提供には鶏卵業界に有利な政策を進めてもらう意図があった可能性がある」とする。

産経新聞（12月4日付）の主張は、「金品授受、職務権限、請託の3要素がそろえば贈収賄事件が成り立つ。だが吉川氏は不整脈を訴えて入院し、『ご心配をかけていること』を『おわび』して、党の役職を辞任した。それも健康上の理由である。国民は心配していない。政治家としての説明責任を果たしてもらいたいだけだ」と、バッサリ。返す刀で「『桜を見る会』をめぐる疑惑に『事務所としては（捜査に）全面協力している』とのみ述べた安倍氏にも、同様のことがいえる」とはお見事。菅義偉首相や二階俊博自民党幹事長も名指しして、政治家は説明責任を果たせと迫っている。

毎日新聞（12月9日付）の社説は、この問題以外にも、秋元司《あきもとつかさ》元副国土交通相（収賄罪など）と河井克行元法相（公職選挙法違反）の起訴、安倍氏後援会主催の「桜を見る会」前夜祭の捜査、甘利明《あまりあきら》元経済再生担当相の建設会社側からの現金受取りを取り上げ、「倫理観の著しい欠如の表れだ。長期政権のおごりと緩みが生み出したものではないか。検察が近年、政界捜査に慎重だったことも影響しているだろう」と指弾する。

出ました、カネ持ってこ〜や！

西日本新聞（12月9日付）は、関係者の取材から、このアキタフーズ事件に関連して、内閣官房参与の西川公也《にしかわこうや》元農相も、2018年以降、現金数百万円を受け取っていたことが分かったことを伝えている。氏は、「悪いことはしていないが、自民党と政府に迷惑を掛けるので身を引く」として、8日付で内閣官房参与を退職。

小見出しに「農林族重鎮、問題尽きず」と記されているが、「カネ持ってこ〜や！」とあだ名されるほどの御仁。栃木2区で2回連続落選させた選挙民の眼に狂いはない。それを内閣官房参与という非常勤の国家公務員に拾い上げた安倍前首相、菅現首相の眼は選挙民の眼、すなわち民意を無視、黙殺するものである。その結末が、これですよ。もちろん、任命責任が問われるよネ。

「地方の眼力」なめんなよ

Go To改めGo Teとなる（2020・12・16）

12月7日に警察庁が発表した11月の自殺者数（速報値）は、女性629人、男性1169人、総数1798人。対前年同月比で、女性18・7％増、男性7・6％増、総数10・1％増。すべてにおいて増えている。そして、女性の増加率は今回も男性を大きく上回っている。10月の慄然とした数値と比べるとかなり落ち着いたようだが、安心するにはまだ早い。何せ、書き入れ時の年末年始を「補償なき自粛」で迎えるわけだから。

「バカ化」現象に陥っている政府のリーダー

増加する自殺について、精神科医の和田秀樹氏（国際医療福祉大大学院教授）は、PRESIDENT Online（12月15日13時）で興味深い見解を展開している。

まず、自殺をめぐる傾向を「コロナ自粛の深刻な副作用」と位置づけ、「自粛要請はコロナ感染抑制に一定の効果はあっただろうが、その半面、この政治的判断による副作用死が、その医療行為を必要とする病気（コロナ感染）の死者数の最大4倍という異常事態を招いたことになる。死者数が1000人の病気があったとして、その治療薬の副作用で3000人が死んだとすれば、それがいかにばかばかしく、理不尽なことであることかわかるだろう」とする。

そして、「自粛下でも一日30分は日光に当たりましょう」「気分が落ち込んでいる際には、リモートなどを使って人と会話しましょう」「夜眠れなくなったり、食欲が落ちたりしたら、気軽に精神科医にかかりましょう」といった注意喚起を含む、副作用対策が不十分であったことを指摘する。

さらに、「あることに不安になっているときは、別のことに気が回らなくなる」という人間の認知特性によって生じる、「例えば、あるメリットを強く求めるがために、もっと大きなデメリットを生んでしまう」状況を「バカ化」現象と名付け、政府のリーダーがその状況に陥っているのではないかと見立てている。

最後に、「コロナによる死者を減らそうとして、自殺者が増えてしまっては元も子もない。直面する課題に対して、視野狭窄的かつ近視眼的になることなく、常に一つの事象を多面的に考察し、それを国民にわかりやすく伝える。それこそが政府の責務なのではないだろうか」と、教示する。

換言すれば、総合的俯瞰的視点から考察、判断し、説明責任を果たしなさい、ということ。

それがまったくできていないことに国民の多くが気づきつつあることを、直近の各種世論調査が明らかにしている。

世論が動かす

社会調査研究センターと毎日新聞は12月12日に世論調査を行った。有効回答者は1065人。注目すべき結果は次の6点に整理される。なお、「新型コロナウイルス」は「コロナ」「Go Toトラベル」は、「Go To」と略。（太字は小松）

（1）菅内閣については、「支持する」40％、**「支持しない」49％**。
（2）菅政権のコロナ対策については、「評価する」14％、**「評価しない」62％**。
（3）コロナに対する医療・検査体制については、**「不安を感じる」69％**、「不安を感じない」17％。
（4）緊急事態宣言の再発令については、**「発令すべき」57％**、「発令の必要ない」28％。
（5）ＧｏＴｏ事業については、「継続すべき」19％、**「中止すべき」67％**。
（6）「桜を見る会」に関する安倍前首相の説明については、「納得できる」9％、**「納得できない」66％**。

どの数値も、菅首相はじめ政権にとっては刺激的なはず。慌てふためき「ＧｏＴｏトラベル」を12月28日から来年1月11日まで全国一斉に停止することが何よりの証左。

それでもどうしても解せないのは、なぜ28日からなのか。ウイルスは、人間の都合には合わせてくれないはずだが。

「Go To トラブル」から「Go Te トラブル」へ

「印象は遅きに失し、中途半端である。これで感染拡大と戦えるのか、不安である」ではじまる産経新聞（12月15日付）の主張も、菅義偉首相が「皆さんが落ち着いた年明けを迎えることができるように、最大限の対策を講じる」と述べたことを受け、「それならなぜ全国停止を28日まで待つのか」と詰め寄る。さらに、仰々《ぎょうぎょう》しく喧伝《けんでん》された「勝負の3週間」を取り上げ、「『勝負』と銘打つなら、この時点で大きな施策を講じるべきだった」と、二の矢を放つ。そして、「政府の『勝負』の掛け声は、国民に響かなかった」として、負けを認めよと暗に迫る。

「現状の認識をしっかりして、合理的な決断を迅速にしてほしい」とする、新型コロナ感染症対策分科会の尾身茂会長の提言を、政府の「認識の欠如、決断の遅滞」を前提としたものとして、さらなる対策強化を求めている。

読売新聞（12月15日付）の社説は、「新型コロナの新規感染者数は、過去最多の水準にある。重症者や死者の増加にも歯止めがかかっていない。政府の新型コロナ感染症対策分科会は再三、事業の停止を政府に求めてきた。こうした状況を考慮しての停止判断だろう。首相は感染防止を優先させるという強い姿勢を示し、国民に安心感を与えることが重要である。それが、中長期的には経済の回復につながるはずだ」と、穏やかに対策の軌道修正を求めている。

政権寄りのこれら全国二紙の主張・社説でも「Ｇｏ Ｔｏ」に象徴されるコロナ対策については批判的である。他紙の厳しい批判は推して知るべし。

迷惑かけなければ抗議の意味ない

東京新聞のＴＯＫＹＯＷｅｂ（12月15日、9時15分）は、文化庁の登録美術品調査研究協力者会議の座長を務めていた佐藤康宏《やすひろ》東京大名誉教授が、日本学術会議問題に抗議し座長を辞任していたことを伝えている。佐藤氏は、任命拒否を知り、文化庁の担当者らに「専門家を専門家として尊重しない政府のために働くつもりはない。今後は政府関係の仕事はすべてお断りする」「会議直前で迷惑をかけるが、多少とも迷惑をかけなければ抗議の意味もない」などと辞意を伝えたそうだ。誤解を恐れずにいえば、この姿勢、カッコいい！

ところが菅首相。学術会議の組織改編という論点そらしに注力している自民党ＰＴの愚策を受け取った際、「任命問題が話題になり、学術会議について国民の皆さんもだんだん分かってきたんじゃないか」と語っている。

そのセリフ、そのまま熨斗《のし》をつけてスカ首相にお返しする。分かってないのはあんただけ！

「地方の眼力」なめんなよ

準備せよ！嘘をつかせぬ大舞台

（2020・12・23）

「吉川元農相 議員辞職」と「安倍前首相 任意聴取」の見出しは、西日本新聞12月22日付夕刊の1面。

病は病、罪は罪の吉川問題

まずは吉川問題から。記事は、吉川氏が大島理森《ただもり》衆院議長宛てに議員辞職願を提出し、許可されたことを伝えている。ただし、「体調不良」とされている辞職理由については、「鶏卵生産大手『アキタフーズ』グループ元代表からの現金受領疑惑の責任を事実上取った形だ」としている。

辞任意向が伝わる段階で、北海道新聞（12月22日付）の社説は、「議員を辞職しても疑惑が消えるわけではない。東京地検特捜部は引き続き疑惑解明に向けて捜査を尽くしてもらいたい。吉川氏本人も健康が戻り次第、国民の前で説明をするべきだ。それが有権者の負託を受けた者としての当然の責務である」とするとともに、「一連の疑惑を巡っては、元代表側が現金を渡した政治家らの氏名や金額などを記したリストを作成していたことが判明している」ことから、首相自らが指導力を発揮して事実の究明を進めることを求めている。

東京新聞（12月23日付）の社説は、「業界に有利な政策の実現のために、権限を持つ議員個人に現金が直接渡され、報告書にも不記載だとしたら極めて重大な問題だ」として、国会に「捜査とは別に真相を解明する責任」を果たすことを求めている。さらに、「『政治とカネ』を巡る古典的な問題が増えつつある」という状況認識から、「自民党『一強』の状況が続き、政治から緊張感が失われていることと無縁ではあるまい。権力の座にあれば、多少の悪事は許される――。そんな気分が政権内にまん延しているとしたら深刻だ」と、警告を発している。

産経新聞（12月23日付）の主張は、「自らの説明責任を全く果たさぬまま吉川氏が政界を去る事態は、当時の官房長官であり、後継内閣を引き継いだ菅義偉首相にも批判の矛先を向かわせる」として、「説得力ある真摯《しんし》な説明」を求めている。さらに、「これは一般論ではなく、政権の要職にあった元農水相の個別の濃厚な疑惑である。政権運営に大きな影響を与えると覚悟し、農水省をはじめとする政府が率先して解明に当たる」ことを、強く求めている。

政治責任は免れない安倍問題

つぎに安倍問題のリード文は、いわゆる「桜を見る会」前日に主催した夕食会の費用補填《ほてん》問題で、東京地検特捜部が21日に安倍氏本人を任意で事情聴取したことから始まっている。安倍氏はこの問題への関与を否定したもようで、不起訴処分となる公算が大きいとしている。

しかし、「首相経験者が『政治とカネ』を巡り、捜査当局の聴取を受けるのは異例。不起訴となっても、安倍氏が国会で事実と正反対の答弁をしたことに変わりはなく、政治責任を問われるのは必至だ」と、踏み込んでいる。

なお安倍氏が、「特捜部の捜査終結後、国会招致要請に応じる意向を示している」ことも伝えている。

国会招致については当然といえるが、問題はどのような舞台に登場させるかである。

証人喚問を求める各紙社説

北海道新聞（12月19日付）の社説は、「安倍氏は国会で費用の穴埋めを一貫して否定してきた。時の首相が虚偽の答弁を重ねた疑いが生じている。それが事実なら、国権の最高機関をないがしろにする重大な背信行為にほかならない。（中略）偽証した場合に罰則が科せられる証人喚問で説明するのが当然である」と、極めて明快である。

さらに、「昨年11月に問題が発覚してから既に1年以上がたつ。この間、国会で野党から度々追及され、ホテル側との金のやりとりや領収書の有無を自ら確認する機会はいくらでもあったはずだ。仮に知らなかったとしても、秘書の監督責任は免れない。（中略）『秘書に任せていた』との言い訳は通じない」と、ここでも明快である。

「3カ月余り前まで首相だった人物が『政治とカネ』を巡って、捜査当局から聴取を受ける異例の事態」と嘆くのは、南日本新聞（12月23日付）の社説。さらに「行政監視の役割を担う国会の場で、首相が虚偽となる説明を繰り返す形になった責任は極めて重い。安倍氏は速やかに国会の国民に見える場で経緯を説明し、『虚偽』答弁を誠実に謝罪する必要がある。その上で自身の出処進退を判断すべきである」と、指弾する。

自民党が、「野党が求める証人喚問に否定的」なことを取り上げ、「公開の場でなければ世論の納得は得られまい」としたうえで、再度「最長首相にふさわしい身の処し方を示してもらいたい」と、議員辞職を示唆する。

ずばり「議員辞職にも値する」というタイトルを付すのは、東京新聞（12月23日付）の社説。

安倍氏自身が「そもそも真実を知る努力はしたのか」と問うたうえで、「それを怠り、事実と異なる答弁を国会で繰り返したなら、その罪は重いと言わざるを得ない。これだけでも議員辞職に値しよう」とする。

そして安倍氏に対して、「夕食会の問題だけに矮小化《わいしょう》化してもいけない。『桜を見る会』には安倍氏の地元支援者らを数多く招き、『権力の私物化だ』と国民から厳しく批判された問題である。むろん公職選挙法にも触れかねない。その責任も極めて重いはずだ」として、開かれた国会の場、それも「偽証罪に問われうる証人喚問の形」で、国民への説明を求めている。

願ってもない主権者教育の機会

朝日新聞（12月21日付）によれば、森山裕《もりやまひろし》国会対策委員長は、安倍氏自身による国会での説明について「(安倍氏)本人が前向きな発言をしている。しっかり受け止める」と述べ、前向きな意向を示したものの、「野党が虚偽の答弁をした場合に偽証罪に問われる証人喚問などを求めていることに、『なじまない』などと否定した」そうだ。

この森山氏、一度取材でお会いしたが、見たとおりの立派なタヌキ（表面はとぼけているが、裏では策略をめぐらす悪賢い人）。

「なじまない」という言葉そのものが、この情況に一番「なじまない」。眉に唾して聞かねばならない。

衆院調査局は質問への答弁を精査した結果、安倍氏が２０１９年11月〜20年３月の衆参両院本会議と予算委員会において、事実と異なる国会答弁を１１８回していたことを明らかにした。

「ない！」と断言していたのに、「事務所の関与」「ホテルからの明細書」「費用補填」すべて「あり！」ました。

もう嘘をつかせてはいけない。でもこの期に及んでどんな嘘をつくのか興味あり。いずれにしましても、安倍氏にはテレビ放送公開付きの証人喚問が最も「なじんでいる」。何故なら、冬休み中の児童や学生にとって、最高の主権者教育の機会となるからだ。

「地方の眼力」なめんなよ

汗かけ、知恵出せ、国会議員

（2021・01・06）

「門松は冥土《めいど》の旅の一里塚　めでたくもあり　めでたくもなし」（一休禅師）

地方創生に魂を吹き込め

山陽新聞（1月1日付）の社説は、「お祝いムードもやや低調だが、今年はコロナ禍との戦いを終え、経済や人々の暮らしの再生に踏み出したい」としたうえで、「かすかではあるが東京から地方へと人の流れが生まれつつある」ことに、「未来への希望」を見いだしている。ただし、このかすかな流れを「大きな流れにするためには、旗振り役の政府に頼っているだけでは足りない」として、「地方の側も知恵を絞り、力をつけていく必要がある」との条件付き。

東京一極集中是正を目指し、政府に対しては、「移住やリモートワークへの補助金を設けて地方への人口移動をすすめるだけでなく、企業の本社機能の地方移転を税制などを総動員して進めるべきだ」と、提言する。

地方には、本社機能の誘致、地方企業の全国展開や世界展開の後押し、起業を目指す若者への支援、さらには農林水産業とデジタル技術の組み合わせ、などを提案する。

そして、「『働きがい』を求める若者たちに選ばれなければ、人口減少に歯止めはかかるまい」として、「若者たちをひきつける魅力づくりこそが、地方創生につながる」ことを強調する。

地方は権限を分捕れ

「頼りない中央政権／地方の時代を引き寄せよう」と題した河北新報（1月4日付）の社説は、コロナ危機では後手に回る中央政権を横目にして、何人かの知事や市長、東京23区の区長が、「検査態勢の拡大、休業した店への協力金、医療の逼迫《ひっぱく》した自治体への看護師派遣などアイデアを形にして、住民の福祉を高めている」ことに注目し、「地方の時代がすぐそこに近づいた」と、期待を寄せている。

「地方からの改革は市民を主役とし、多様な意見のぶつかり合いによって前に進む」として、「権限を分捕るぐらいの気持ちでいい」と、発破をかける。そして、「ことしほど民主主義のありようが問われる年はない。主権者も一緒に前進させる覚悟を持って見つめていこう」と、呼びかける。

地方創生は「東京離れ」からはじまる

東京新聞（1月4日付）は、日本世論調査会が、2020年11月9日から全国250地点の18歳以上の男女3000人を調査対象者に選び実施した調査の結果を、「一極集中是正・地方創生世論調査詳報」として伝えている。なお、12月16日までに届いたうちの有効回答は1933、有効回答率は64・4％。

本稿と関連のある質問項目の結果概要は、次の6点に整理される。

（1）東京一極集中を是正すべきかは、大別表示すれば、「是正すべき」79％、「是正の必要なし」19％。

（2）東京一極集中の問題点（2つまで選択）は、「格差が拡大し、地方の過疎化や経済の衰退が進む」65％、「災害時、政府や経済の中枢機能がまひする」62％、これに「農林水産業の担い手が不足する」と「過密により感染症が広がる恐れあり」が18％で続く。

（3）有効な東京一極集中の是正策（2つまで選択）は、「企業の本社機能の地方移転」37％、「子育て世代が地方移住しやすい環境整備」34％、「在宅勤務などの『テレワーク』をしやすくする」と「東京と地方の賃金格差是正」が30％、これに「国の機関の地方移転」24％が続く。

（4）新型コロナ感染拡大を機に東京一極集中は緩やかになるかは、「緩やかになる」21％、「緩やかにならない」76％。

（5）地方創生は進んでいると思うかは、大別表示すれば、「進んでいる」10％、「進んでいない」90％。

（6）中央省庁の地方移転を進めるべきと思うかは、「思う」68％、「思わない」30％。

以上の結果は、次のようにまとめられる。

2014年9月3日の第2次安倍改造内閣発足後の総理大臣記者会見で発表された「地方創生」は、6年経過してもまったくと言っていいほど進んでいない。換言すれば、東京一極集中は是正されぬまま。しかし8割の人が「是正すべき」としている。その主たる理由は、東京一極発展がもたらす弊害、すなわち「地方の衰退」と「リスク拡大」の抜本的改善である。

そのためには、「企業の本社機能や国の機関の地方移転」という、影響力や波及効果の大きい組織が「東京を離れる」ことと、「子育てや在宅勤務を支援する環境整備」や「賃金格差是正」がセットで取り組まれねばならない。

注目しておきたいのは（4）において、7割強の人が、コロナ禍を機には東京一極集中は緩やかにはならないと回答していることである。コロナ禍を契機とした自発的な地方移住は、山陽新聞の社説が記していたように「かすか」である。それを大きな流れにするためには、「この国のかたち」を変える覚悟で、是正策が講じられなければならない。

お休みしている場合じゃない

しかし、現在の菅政権にはそこまでの覚悟はない。それ以前に、そこまで考えは及んでいない。

「菅政権は、デジタル庁新設や携帯電話料金の引き下げといった目の前の施策が多い。どちらにしても、時間軸の短いテーマであり、目先の課題を追うスタイルは続いていく。大きな改革には後ろ向きに見える」と、前述した河北新報の社説も見抜いている。

山陽新聞の社説（1月4日付）は、菅氏には「首相就任以降、記者会見や国会質疑では、ともに物足りなさが指摘されている。自らの言葉で思いを明確に語らなければ、国民の評価も上がるまい」と、野党には「野党連携で目指す国家像はどんなものか。まとめられる項目だけでも明確にすべきだ。政権批判だけでは国民への訴えにも力強さを欠く」と苦言を呈し、与野党に「ポストコロナの時代をにらみながら政策で競う」ことを求めている。

もちろん喫緊の要事として、新型コロナウィルス特別措置法の改正案の審議があるが、国会は冬休み。

「いつまで休んでいるのか」と題する信濃毎日新聞（1月6日付）の社説は、この特措法改正案の審議に関して「感染状況が深刻化する中、可能な限り審議時間を確保し、憲法に沿った実効性ある改正を早期に行う必要がある。菅義偉首相は直ちに通常国会を召集するべきだ」と、訴えている。

ＧｏＴｏトラベルがＧｏＴｏ冥土にならぬために。この国に住むすべての人々に、一日も早く安心して暮らせる均衡の取れた持続可能な社会を提供するために。汗かけ、知恵出せ、国会議員。

「地方の眼力」なめんなよ

農政ジャーナリズムの矜持

（2021・01・13）

東京新聞（1月12日付）に「人事院事務総長に初の女性、松尾氏」の見出し記事あり。あの松尾さんか。2020年2月の国会で、東京高検検事長の定年延長を巡る政府の法解釈を問われ、「現在まで同じ解釈が続いている」と事実を語った。ところが、あの筋にヤキを入れられたのか、「言い間違えでした」と撤回。矜持を捨てた官僚ほど栄達する国、日本。「初の女性」がくすんで見える。

吉川元農相在宅起訴へ

すでに議員を辞職した吉川貴盛氏（元農水相）が、鶏卵生産・販売大手「アキタフーズ」（広島県福山市）の前代表から過去6年間で計1800万円を受け取った疑いがある問題で、東京地検特捜部はこのうち大臣在任中の500万円について、吉川氏を収賄罪で近く在宅起訴する方向で検討に入ったことを、朝日新聞デジタル（1月12日5時45分）が伝えている。

アキタ社をめぐっては、吉川氏側の政治資金パーティー券を約300万円分購入したが、複数の個人名義で小口分散して購入したと偽って収支報告書での公開を避けたという政治資金規正法違反の疑いもあるとのこと。

また前代表は、西川公也氏（元農水相）にも2014～20年の7年間で1500万円超を渡したと供述しており、自民党の「農水族」議員に幅広く現金提供していたとみられている。

西日本新聞（1月13日付）によれば、「内閣官房参与だった際に現金数百万円を受け取った疑いがある西川公也元農相について、賄賂と認定するのが困難と判断し、収賄容疑での立件をしない方針を固めた」そうだ。

ちなみに、吉川、西川、両氏は二階派の重鎮であった。

吉川問題を恐れるな

作家の佐藤優氏は、農業協同組合新聞（1月10日付）のインタビュー記事において、「今後、農協はどのような取り組みを進めていくべきですか」と問われて、「全国農業協同組合中央会（全中）を中心に、政治との関係を強化すべきです。農協は『抵抗勢力』や『圧力団体』と見られることを嫌い、政治と距離をとっているように見えます。いま吉川貴盛元農林水産相が鶏卵生産大手『アキタフーズ』から資金提供を受けた疑いがあるとして検察に捜査されていますが、これによって農業関係団体がさらに政治に臆病になってしまう恐れがあります。それだけは絶対に避けなければなりません。

業界団体が業界の利益のために政治に働きかけることは、決しておかしなことではありません。働きかけの過程で違法行為があれば摘発されて当然ですが、悪いのは違法行為であって、ロビー活動そのものではありません。業界全体のために政治家に現行法で定められたルールを守って献金することは、非難されるような筋合ではないのです。堂々と胸を張ってお金を渡せばいいのです。（中略）吉川問題があったからといって怯えてはなりません。コロナ禍を乗り切るには政治の力が必要なのだから、農協はこれまで以上に政治に対して積極的に働きかけていくべきです」と、政治好きのＪＡグループ関係者にエールを送っている。

あくまでも合法的なロビー活動のすすめと普通に解釈したうえでも、この発言には疑問を禁じ得ない。

当コラムの眼には、ＪＡグループは政治との関係を強化しているとしか映らないからだ。百歩譲っても、関係が弱まったとは思っていない。

臆病になっているのは、怯えているのは、現政権ににらまれること。二階氏、菅氏、ついでに安倍氏ら権力の中枢に巣くう政治屋と、彼らに怯えて矜持をかなぐり捨てた農水官僚らのご機嫌を損ねないように、媚びへつらうことこそ大問題。

ＪＡの正准組合員の皆が皆、現政権を支持しているわけではない。農業者の最大のパートナーである消費者もしかり。にもかかわらず、自公以外の政党と等距離外交に踏み切れないところを指して、佐藤氏が「臆病」「怯え」としているのであれば納得するが、そうではないとすれば、誠に残念！

吉川問題の本質は農政を巡る癒着の構図

「またしても前政権下の『政治とカネ』を巡る疑惑が事件に発展した」で始まるのは読売新聞（20年12月27日付）の社説。「吉川氏は、自民党選挙対策委員長代行を務めていた。健康状態を理由に議員を辞職したが、菅政権への打撃は大きい。元農相で内閣官房参与の西川公也氏も、同じ業者から現金数百万円を受け取った疑惑が出ている。西川氏は元農水官僚とともに業者から接待も受けていたという」ことを指摘し、「農水行政への信頼は大きく損なわれた。吉川氏と西川氏は、説明責任を果たさねばならない」と、厳しい姿勢を示している。

秋田魁新報（1月12日付）は、「農相は農林水産省の職務全般に権限がある。それほど大きな力を持つ人間が現金を受け取り、業界を利するために政策を左右した疑いがあるということだ。問題の本質は農政を巡る癒着の構図にあり、疑惑を徹底的に解明しなければならない」「菅内閣で内閣官房参与に再任された西川公也元農相にも、現金受領疑惑がある。18年以降、アキタ社側から数百万円を受け取ったとみられる。農水族議員の重鎮であり、元代表が働き掛けていたようだ。西川氏は同社の豪華クルーザーで元農水官僚らと接待も受けており、癒着ぶりにはあきれるばかりだ」として、「18日に通常国会が召集される。国会が真相解明に力を尽くすのは当然だ。菅首相も党総裁として、任命権者として事実関係を明らかにする責務がある」と、癒着の構図を徹底的に解明せよと迫っている。

評価できない農政に期待せざるを得ないこの不幸

当コラム（12月9日付）も「よしかわにしかわモウケッコ〜」と題して、吉川問題を取り上げた。全国、地方を問わず社説等でこの問題への追及の必要性を訴える一般紙も少なくない。

他紙では持ち得ぬ貴重かつ希少な情報を持っているはずの日本農業新聞は、2020年12月26日付の同紙コラム「四季」で、「高らかなトランペットで始まる農業協同組合歌『明日の大地』」をマクラに、「吉川貴盛元農相の収賄疑惑も発覚した。年の瀬の政治が落ち着かない」をオチにして、その後の紙面に期待を抱かせた。しかしこれまでの所、社説的位置づけの「論説」において真正面から取り上げることはなく、情報提供にとどまっている。

同紙（1月12日付）が伝えた、農政モニター調査（1133人を対象に、2020年12月中下旬に郵送で実施。回答者は756人、回答者率66・7％）によれば、菅内閣の農業政策への評価を大別すれば、「評価しない」（44・8％）が「評価する」（25・5％）を大きく上回っている。にもかかわらず、農政で期待する政党として、ほぼ半数の49・6％が「自民党」をあげている。

当コラム、「評価しない」農政に、「期待せざるを得ない」という悲しむべき情況に風穴を開ける寸鉄となる。「地方の眼力」なめんなよ

安物買いが見失うもの

（2021・01・20）

半世紀以上も前、バナナは高級品であった。風邪で学校を休むと枕元にバナナがあった。その後、物価が上昇するなかで、価格がほとんど変わらないことから「物価の優等生」と呼ばれている。同じく優等生の誉れ高き卵が贈収賄事件の渦中にある。

吉川元農相在宅起訴

この事件で、東京地検特捜部は、1月15日、農相在任中に鶏卵業者から現金500万円を受け取ったとして吉川貴盛元農相を収賄の罪で、鶏卵生産大手「アキタフーズ」の秋田善祺《よしき》元代表を贈賄の罪で、ともに在宅起訴した。

各紙報道によれば、500万円の内訳は、国際機関が示す「アニマルウェルフェア（動物福祉、AWと略）」に基づく飼育環境の厳格化案への反対など、業界に便宜をはかることに関連しての400万円と、養鶏業者への日本政策金融公庫からの融資拡大に関連しての100万円である。

「物価の優等生」の素顔

細川幸一《こういち》氏（日本女子大教授）による「『卵』がいつでもこんなに安く買えるという異常　年間48億円の税金を投入している事業とは？」（「東洋経済ONLINE」2019年6月28日5時20分）は、優等生の素顔を教えている。

「全農鶏卵卸売価格（M規格）でみると、戦後の1953年に1kgあたり224円だった。現在の価値に換算すれば1953年の卵の価格は1000円を軽く超える。卵は高級品だったのだ。（中略）直近の2018年の年平均は180円／kgと年々下落傾向にある」のが、低価格の実態。ちなみに、20年8月は145円であった。

安さは「生産者のコストを抑える努力の結果」としたうえで、「コスト削減が鶏の生き物としての尊厳を無視し、劣悪な環境を強いている場合があることも忘れてはならない」と警告する。

また、「安すぎる卵の赤字補てん」（鶏卵価格差補填事業）と「過剰な採卵鶏を減らした場合、生産者へ国からの補助金が交付」（成鶏更新・空舎延長事業）からなる「鶏卵生産者経営安定対策事業」に、2018年度には48億6200万円の予算付けがなされていることを紹介している。

鶏の悲鳴

細川氏は、「持続可能性という言葉が一般的になってきた。養鶏事業の持続可能性についても検証が必要だろう。異常ともいえる卵価格の下落は養鶏業者の生産活動を困難にする。そして、生産者の苦しみもさることながら、最大の負担を背負わされているのは鶏だ。日本の養鶏はバタリーケージといわれる狭い網の檻で行われることがほとんどだ」と、まず指摘する。

さらに、「糞が下に落ちるように床も網でできており、止まり木で休む習性のある鶏にとって本来ふさわしくない。

また産んだ卵が転がるように傾斜もついている。（中略）卵を得るための採卵鶏はレイヤーと呼ばれ、他方の目的には適さない。したがって、（中略）オスのヒヨコは人間にとって不用物であり、生まれてすぐにすりつぶすなどして殺されている実態を知る消費者は少ない。卵が肉食より残酷であると言われるゆえんのひとつだ」と、採卵鶏の悲しい運命も教えている。

そして、「消費者が安いというだけでモノを購入していくと、その裏で何か負担を強いられているものがあるということを忘れてはならないだろう。もっと1個1個の卵をありがたみを感じながらいただく消費者であっても良いと思う」（原文ママ）と、消費者への理解促進を訴えて結んでいる。

業界の危機と便乗する政と官

東京新聞（1月18日付）の〈政官業の蜜月・元農相汚職事件（下）〉では、「自分だったら、こんな狭いところ耐えられないよ」と苦笑いで語る養鶏場の経営者が、ケージを使わない平飼いなどの飼育方法に関して「コストがかかりすぎる。とてもじゃないが、やっていけない」と訴えている。

年51億円ほどの鶏卵業界の補助金は、１７０億円の養豚業界、９８０億円の肉牛業界には遠く及ばないため、秋田元代表は周囲に「同じ畜産業なのに十分な政治的恩恵を受けられていない」とこぼし、補助金を倍増させる「１００億円構想」を描いていたそうだ。

「秋田さんとは60年来の同志。業界のために働く立派な方だ。業界が恩恵を受けるには、政治家と付き合うのが一番の近道で、私も自腹を切って政治家のためにいろいろなことをしてきたもんだよ」と振り返り、「似たようなことは、ほかでもあるんじゃないの」と、語るのは日本養鶏協会の元幹部。

西日本新聞（1月16日付）にも関係者の興味深い発言が記されている。そのいくつかを紹介する。

「AWが広まれば日本の農家はみんなつぶれる」（鶏卵会社社長）
「とにかく規制が多い。要望を政権中枢に伝えられる人を選挙で勝たせないといけない」（養鶏会社経営者）
「関税を下げられる中で海外と競争しなければならない。法改正や補助金で内外の価格差を是正するため、農林族の政治家にお願いするのはやむを得ない」（生産大手関係者）
「養鶏業界と政官界がずぶずぶの関係だったことは省内で周知の事実だった。次世代に負の遺産を残さないよう、うみを出しきってほしい」（農水省中堅官僚）

安いものには訳がある

中国新聞（1月17日付）の社説によれば、不透明なカネの趣旨を問う同紙の取材に対して秋田元代表は、「養鶏業に理解のある有能な政治家を育てたいと思った」と釈明し、「養鶏農家を守るためでもあるが、消費者を守るためでもある」とも述べているそうだ。

「どれほどの消費者が額面通りに受け取っただろうか」として、「国民の政治不信を募らせ、農林水産行政に対する信頼を傷つけた責任は重い」と指弾する。

そして最後に、「『安い物には訳がある』という買い物の戒めがある。低価格が長年続く卵も、そうなのか。事件の全容解明は、消費者としても決して人ごとでない」と、ソフトに消費者の姿勢にも言及している。

贈収賄に象徴される政官業の癒着の構造が明らかにされ、解消されることには多言を要さない。しかし、家畜に対して、飼養期間中だけでもストレスを与えない環境を提供することについては、前向きに検討されるべきである。

ストレスまみれの「優等生」と、のびのび生きた「劣等生」。どちらを選ぶか、消費者の姿勢も問われている。

「地方の眼力」なめんなよ

救いようのない政権には救えない（2021・01・27）

新型コロナウイルスに感染した東京都内の30代の女性が、自宅療養中に亡くなった。自殺と見られている。小学生の長女も陽性だったことからか、「学校でコロナを広めてしまった可能性がある。娘の居場所がなくなるかも」と、悩んでいたようだ。

女性の自殺急増

２０２０年の自殺統計（速報値）を警察庁が公表した。自殺者は女性６９７６人、男性１３９４３人、合計２０９１９人。19年の確定値から、女性８８５人増加、男性１３５人減少、計７５０人の増加。10年連続で減少していた自殺者が、リーマン・ショック後の09年以来、11年ぶりに前年を上回った。

対前年比で、女性14・5％増、男性１・０％減、計３・７％増。女性は1月から5月までマイナスだったが、6月からプラスに転じ、8月には88・6％増という驚くべき増加率となった。11月には20・9％まで下がったものの、12月には29・0％に再び増加した。男性も2月から7月はマイナスであったが、8月以降プラスに転じている。

居場所をなくす女性

西日本新聞（1月23日付）には、「厳しい状況だ。コロナ禍がさまざまに影響している可能性がある」との、厚労省自殺対策推進室のコメントを紹介したうえで、女性に深刻な影響が及んでいることを伝えている。

まず24時間体制でチャット相談を受ける特定非営利活動法人「あなたのいばしょ」のウェブサイト（昨年3月設立）には、すでに約3万人から相談が寄せられている。その8割が女性で、7月以降悩みが複雑化するケースが増加しているとのこと。

野村総研は昨年12月にパート・アルバイトの女性約5万5000人を対象に感染拡大後の状況調査を行った。それによれば、勤務シフトが半分以下になった人が1割。うち休業手当を受けていない人は7割。シフトが減少した人のうち2人に1人が「金銭的理由で生きていくのが難しいと感じる」と、回答しているそうだ。

また内閣府によると、20年4月から11月の8ヶ月間における、ドメスティックバイオレンス（DV）被害者からの相談件数（暫定値）は、約13万2000件で過去の同時期と比べて、過去最多とのこと。

「外出自粛で家族と過ごす時間が増え、家庭内でトラブルを抱えていた女性が居場所をなくしている」ことを強調するのは、NPO法人「くにたち夢ファーム」（DVや虐待などの被害を受けた女性の自立を支援）の遠藤良子理事。

救える命を救え

この問題に関して、読売新聞（1月26日付）の社説は、「再度の緊急事態宣言で、女性の就業が多い飲食や宿泊業界が打撃を受けている。昨年、非正規で働く女性は月平均約50万人減った。在宅勤務の広がりで、育児や介護の負担も増している。昨年の家庭内暴力の相談は前年より5割増えたという。困窮家庭や一人親家庭を官民で支え、事態の悪化を食い止めねばならない」とする。

そして、「自殺者の7割が、一度は医療機関や相談窓口を訪れていたという調査結果もある。相談内容からリスクの高い人を見極め、包括的な支援につなげることが重要だ」とし、「相談を待つのではなく、苦境にある人には積極的に支援を届けてほしい。家庭や職場、学校で周囲に目を配り、救える命を増やしたい」と、訴えている。

救う気がない救いようのない政権

21日の国会で、国民民主党玉木雄一郎代表が特別定額給付金の再支給を提案したが、菅首相は「再度支給することは考えておりません」と拒否。

麻生太郎財務相も、22日の閣議後記者会見で、「あれは税金ではなく政府の借金でやっている。さらに借金を増やすということか」「税金でやるという発想が間違い。あなたのために、あなたのご子孫に借金を増やしていくということなんでしょうか」と、取り付く島もない。

多くの国民は、コロナ感染に怯えている。倒産や解雇などで、明日への希望を見つけられず、自殺しかねない国民も増えている。打てる手は打つ。後世を意識した取り組みは、終息後に熟慮し、着手すればよいはず。そもそも、菅氏や麻生氏らが、本気で後世のことを考えているとは思えない。

菅首相は、1月18日の施政方針演説における新型コロナウィルス対策の中で、「前年と比べ、自殺者が五か月連続で増加し、とりわけ女性が顕著な傾向にある事態を重く受け止め、SNSを通じた相談窓口などにより、不安に寄り添う体制を強化します」と女性の自殺問題に言及している。精神的な寄り添い以上に大切なものは、先立つもの。

しかし、昨日（26日）衆議院を通過した2020年度第3次補正予算案に、救える命を救おうとする姿勢はみじんも感じられない。

当たり前でない菅政権

日本農業新聞（1月26日付）の論説が吉川貴盛氏らの贈収賄事件を取り上げた。

興味深いのは、農水省幹部がアキタフーズと吉川氏らの会食に同席したことに注目し、「同省は国民目線で疑惑を解明し、説明責任を果たさなければならない」と、事件の主役吉川氏よりも農水省の責任を追及する姿勢を滲《にじ》ませていることである。

わが国は、採卵鶏のアニマルウェルフェア（動物福祉、AWと略）を厳しくする国際基準案への反対意見を国際機関に提示した。これが、賄賂などによって歪められたものだったと、国民から疑念を持たれないかを危惧し、「今回の事件で農政不信を招いてはならない。危機感を持って同省は対応すべきである」とする。

そして「政策提案などそれ自体が政官との癒着と誤解されないよう産業界は情報を広く発信し、開かれた活動に努める必要がある」とする。しかしよくよく考えれば、農政メディアにもその責任はある。

吉川氏の説明責任にはまったく触れず、影の主役と目される西川氏の名前すら挙げていない論説に説得力はない。

1月27日付の同紙によれば、26日の衆院予算委員会で立憲民主党の本多平直《ひらなお》氏が、「（西川氏本人が）現金授受の説明をするべきではないか」と指摘したが、菅首相は「既に一民間人となっており、資金提供の有無を含めて政府として答えるべきではない」と、述べるにとどめたそうだ。

このガースー！一民間人になれば、「カネ持ってこ〜や」で農政を歪めても不問に付されるわけか。冗談じゃない。アンタの言葉を使えば、これは、「国民の感覚から大きくかけ離れている、当たり前でないこと」なんですよ。

「地方の眼力」なめんなよ

民主主義をゆがませる男女「非」共同参画

（2021・02・03）

自粛を求める側が自粛せずクラブ活動に精励した不祥事で、公明党・遠山清彦《とおやまきよひこ》衆院議員が議員辞職。当初、党執行部は辞職にまでは及ばないと踏んでいた。しかし、支持母体の婦人部による強烈な反発があり、この結末となったようだ。毎日新聞（2月2日付）は、氏の政界引退も伝えている。この点に関する婦人部の感覚はまとも。

後退する男女共同参画

昨年12月25日政府は、新年度から5年間の女性政策をまとめた「第5次男女共同参画基本計画」を閣議決定した。２００８年6月の男女共同参画推進本部で決定した、指導的地位に占める女性比率を「２０２０年までに少なくとも30％」という目標は達成できず、「20年代の可能な限り早期に30％程度」とトーンダウン。さらに「選択的夫婦別姓（別氏）制度」の文言は削除された。遅れが目立つ政治分野の女性参加についても、国政選挙と統一地方選挙で議員候補者に占める女性比率を「25年までに35％」とする目標設定。一定比率を女性に割り当てるクオータ制などの導入は、政党に「自主的な取り組みの実施を要請」との表記にとどめた。

民主主義がゆがんでいる

毎日新聞のニュースサイトにアップされた（2月3日8時00分）、自民党衆院議員・稲田朋美《いなだともみ》氏と国民民主党衆院議員・山尾志桜里《やまおしおり》氏の対談が、政治分野における「男女『非』共同参画」の状況を教えている。

第5次男女共同参画基本計画の内容が後退したことについて？

山尾　制度の話と、永田町文化みたいな話と両方あると思います。制度の話で言うと、努力義務だけでは与党の歩みが遅いということなら、やっぱり法制度としてクオータ制（割り当て制）を強化してもいいんじゃないかというのが1つですね。

国民民主党の憲法調査会でも、アファーマティブ・アクション（少数・弱者集団の現状に対する積極的な差別是正措置）を肯定する憲法改正があっていいんじゃないのという議論がありました。ただ憲法改正の前に、フランスのように女性候補が50％いかないと政党交付金を減額する制度とかがある。イタリアや韓国、メキシコでは、比例部分でせめて女性を50％にするとか、名簿の順位で男女交互にするとか、法的に工夫している。そういう議論を本格的にしてもいいかなって。

今はむしろ能力のある女性が政治家になんかなりたがらないってところもあると思うんですよね。民間の方が場合によってはすごく働きやすくなっているのに、政治家になったら男性に囲まれて、会食もいっぱいあって、自分の時間も家族との時間もままならない、そういう中で働くことに対する抵抗感っていうか、そういう永田町文化も変えていく必要があるって思います。

稲田　日本のジェンダーギャップ指数がイスラム圏並みなのは、与党がアファーマティブ・アクション的なものを入れることに抵抗があるっていうことが大きい。だから男性を巻き込んで「民主主義がゆがんでいる」ってところからやっていかなきゃいけない。特に政権与党ですよね。政策を作る中枢のところに女性がいないから、とんちんかんなことをやっても平気だったりするんです。

例えば世帯主に30万円配るとか、「はあ?」みたいな。女性がいれば「それおかしい」ってなると思うんだけど、女性議員が登用されてもお飾りだったりとか、癒やし系がいいよねとか、そういう風土がまだ自民党政治にはある。スキャンダルがあった後には女性を候補にするけれど、落ち着いてくると男性が取って代わろうみたいな。こんな本音って言っていいんでしょうか(笑い)。

「共感力」に違いあり

メルケル首相(ドイツ)、アーダン首相(ニュージーランド)、蔡英文総統(台湾)、といった女性リーダーが注目されているが?

稲田 衆院には10%しかいないけれど、それだけじゃなくて、中枢にはもっと少ない。女性リーダーのところがなぜうまくいっているかというと、やっぱり「共感力」だと思います。しわ寄せを受けている女性とか貧困とかを、自分のことと思える気持ちはやっぱり女性の方が、これは申し訳ないけどまさっているんじゃないかと。あと、訴えかけるものっていうか、そういうものが男性はないって言ったら失礼ですけど、やっぱり女性のそういうところが浮き彫りになったんじゃないかと思いますね。

山尾 実際にこのコロナ禍で、本当に国民に効果的にメッセージを届けているリーダーって女性が多い。それは評価というよりも事実だと思います。女性として生まれたからっていうよりは、もしかしたら今の世代の女性は好むと好まざるとにかかわらず、家庭という部分を担ってきた。そういう生活観の延長で政治家になっているので、暮らしの問題を自分のこととして感じられる。ということは、やっぱり社会構造上、男性とは少し違うものを持っているんじゃないかなとは思いますよね。

地域おこし協力隊の女性隊員に期待

日本農業新聞（1月24日付）の論説も第5次男女参画基本計画を取り上げている。「農業・農村の持続性の確保には、女性が暮らしやすく、働きやすく、活躍できる地域づくりが不可欠だ」としたうえで、地域おこし協力隊に期待を寄せ、政府が2024年度までに8000人にする目標を設定し、21年度予算案にはインターン制度を新設する経費を盛り込んだことを紹介している。隊員の4割が女性で、「女性農業者と協力した特産品づくりなどが各地で見られる」ことから、移住や定住への「基盤はできつつある」と見ている。

西日本新聞（2020年12月31日付）には、「付き合ってもいないのに結婚できないのと一緒。マッチングは重要」と、インターン制度を歓迎する声を紹介している。声の主は、19年から大分県佐伯市で地域おこし協力隊員を務める平井佐季氏。

オンナ・コドモの出る幕ではない!?

西日本新聞（2月2日付）の「風向計」というコーナーで、核兵器禁止条約の賛否を国会議員に問い、見解を紹介するサイト「議員ウォッチ」があることを知った。長崎市出身の大学生中村涼香《すずか》氏も、同サイトを見て、長崎県選出の7議員のうち賛同は野党の1人だけで、後の与党議員が未回答であることを知り、「被爆地でたった1人?」と愕然としたそうだ。そして、昨年末、仲間を募って議員事務所に連絡を取り始めた。

ある議員は「電話で面会の趣旨を説明するや、頭ごなしに『20歳やそこいらで俺に意見を言うとは失礼だ』」と、叱ったそうだ。

中村氏は、2020年2月にパリで開かれた「核兵器廃絶国際キャンペーン（ICAN）」に参加し、「世界を動かそうとする熱気」に直接触れ、「もう一度本腰を入れよう」と、議員ウォッチの運営に加わり、「議員任せではいけない」と衆院選もにらみ活動中。

誰だ、そんな思い上がった議員は。いずれにしましても、こんな連中ばっかし。もう、お前らの出る幕はないと覚悟しろ！

「地方の眼力」なめんなよ

（2021・02・10）

モリヨシロウの名誉挽回策

もうあれから20年。2001年2月10日（日本時間）米ハワイ沖で愛媛県立宇和島水産高校の実習船「えひめ丸」が米原水力潜水艦に衝突されて沈没し9人が死亡した。この事件の一報が入った時、当時の森喜朗《よしろう》首相（東京オリ・パラ組織委員会会長）はゴルフの真っ最中。その後も、1時間半ほどプレーを続けた。

森妄言と沈静化への動き

その森氏が、2月3日の日本オリンピック委員会（ＪＯＣ）の臨時評議委員会で歴史に残る妄言（事実・論理に合わない、でたらめな言葉）を吐いた。それは、ＪＯＣの女性理事の割合を40％に引き上げる、いわゆるクオータ（割り当て）制に関連してのもの。

要約すると、――文科省が女性理事を増やせというが、女性理事は同性への競争心があって、1人が言えば次々に発言があり、会議が長引く。自分が関わっているラグビー協会も男性だけの時と比べて倍時間がかかるようになった。ＪＯＣのこの委員会には7人（小松注：森氏も含めて35人。女性割合20％）だが、この方々はわきまえておられて的を射た意見を出される。欠員があればすぐ女性を選ぼうとなる。（……困ったもんだ。如何なものか……。こんな心境かと小松の勘ぐり）

もちろん批判噴出。4日の撤回・釈明・謝罪記者会見も「逆ギレ・居直り」の印象が強く、火に油を注いだ。ところが、橋本聖子五輪相は5日の会見で、国際オリンピック委員会（ＩＯＣ）のバッハ会長から4日夜に電話があり、氏が「理解した。引き続き政府として、東京大会の成功に向けて努力をしてほしい」などと語ったことを明らかにした。

菅義偉首相は5日の衆院予算委員会で、森会長の発言について「あってはならない発言だ」と指摘したうえで「ＩＯＣからも『(森会長が) 謝罪をした。これで問題を終了と考えている』との見解が表明されたと承知している」と述べ、沈静化に努めた。

東京新聞（2月9日付）は、同紙が会長を解職する権限を持つ組織委の森氏を除く34人の理事の取材結果を伝えている。回答した14人からは辞任を求める声は出ず、「退任を求める世論との開きが鮮明」としている。アンケート回答(要旨) からも、謝罪、撤回、お詫び、反省に一定の理解を示し、辞任には及ばず、という姿勢が伝わってくる。

私たち、わきまえませんので

「#わきまえない女」をはじめ、国内外から森氏への批判が噴出。事態はこのままで終わらない。元オリンピック選手の為末大《ためすえだい》氏は自身のツイッターに、「沈黙は賛同であると言われ、強く反省しています。私はいかなる性差別にも反対します。そして、理事会での森会長の処遇の検討を求めます」（2月8日）と書き込んだ。

そしてFNNプライムオンライン（2月10日6時24分配信）によれば、森氏の発言について、IOCは、2度目の声明を発表し、一転して「全く不適切だった」と厳しく批判した。また、森会長、小池都知事、橋本五輪相、バッハ会長で行う4者会談を、17日に開く方向で最終調整しているとのこと。

この会談はすでに決まっていたもので、あくまでも大会の準備状況を確認するものであるが、森氏の去就や大会の開催可能性など、かなり突っ込んだ内容が話し合われるはず。情況は、日々刻々と激しく本丸に向かって動いている。

JAグループの本音やいかに

経団連の中西宏明会長は8日の定例記者会見で、この問題について「日本社会にはそういう本音があるような気がする。それがぱっと出てしまったかもしれない」と指摘した。そのあと、「女性や男性を前提に発言したり考えたりする時代ではない。ダイバーシティー(多様性)を意識した組織運営や人事をやっていくべきだ」と語ったが後の祭り。「日本社会の本音」という「自分の本音」が、森発言容認と、日本全般への誤った一般化として激しい批判を受けている。

決して日本社会の本音ではないが、自分が関わっているJAグループの男女共同参画、ジェンダー平等への取り組みを冷静に見つめれば、跋扈《ばっこ》する多くの「モリヨシロウ」の姿が目に浮かんでくる。もちろん、性別を問わず「モリヨシロウ」は存在する。

例えば、農家女性の正組合員化、総代選出、役員選出、あるいは女性職員の管理職登用など、掛け声の割りには進んでいない。

内閣府による「2020年版男女共同参画白書」に記されている、農業・農村における女性の参画状況は次のように要約される。

「基幹的農業従事者に占める女性の割合は2019年現在で40・0%。農業の担い手として、女性は重要な役割を果たしている。2019年度における農業委員会に占める女性委員の割合は12・1%（前年比0・3%ポイント増）。農業協同組合の正組合員に占める女性の割合は22・4%（前年比同率）、役員に占める女性の割合は8・4%（同0・4%ポイント増）」と。

基幹的農業従事者として農業を前面で支える女性は4割にも及んでいる。加えて、その女性たちのほとんどが、生活面では男性以上に多くを担っている。にもかかわらず、営農と生活を事業・活動の対象とするJAの意思決定に参画する女性の割合が、4割にすら遠く及ばないとは、どういうことか。

ジェンダーギャップ（社会的・文化的につくられた性差により生じるさまざまな格差）やジェンダーバイアス（前述の性差にもとづく役割分担に対する固定観念や偏見）の解消に向けて大きく動かねばならない時に、この程度の参画状況は「相対的後退」である。

見事な逆説的賛辞

毎日新聞（2月9日付）で大治朋子《おおじともこ》氏（同紙専門記者）は、森発言をクオータ制の導入、定着の観点から取り上げている。

「そもそもクオータ制は、日本のように目標を掲げるだけでは実現されにくい。欧州やアフリカ諸国は近年、法制化して議会や官庁、企業での女性比率を押し上げ、差別を助長する法律や制度、社会を変えてきた。クオータ制なしに男女平等を実現した国はほとんどない。それほど社会の価値観は変わりにくい。少数派が組織の意思決定に影響を与えるようになる『黄金の3割』は最低限の比率で、最近は5割の義務化が国際標準だ」とし、「今の日本に必要なのはクオータ制の義務化であり、『わきまえない女、5割』の達成」とする。

「森さん、よくぞ言ってくれた、とも思ったのです」とは元参議院議員・円《まどか》より子氏（『論座』、2月6日付）。「本音は、みな森さんと似たりよったり。（中略）逆説的ですが、女は困るよなという本音が、女性たちの怒りを呼ぶだけでなく、スポーツ界の『昭和の男的世界』を変えなくちゃという動きを加速させることができるからです」として、「男たちの本音を体現した森発言が、良いきっかけになればと思います」という、皮肉を込めた逆説的賛辞を送っている。

森氏の名誉挽回を願う人たちがすべきことは、クオータ制などあらゆる手段を講じてわが国をジェンダー平等社会に向かって前進させること。そして達成の暁には、森氏のあの発言があればこそと、胸を張れ。これが本当の「妄言多謝」。

「地方の眼力」なめんなよ

（2021・02・17）

Are we safe?

昨夜（2月16日）宿泊したホテルのドア内側に、「無事です」と記載された六角形のおしゃれなマグネットシール。上方には「大地震発生時、無事な場合はドアの外側に貼ってください。」、下方には「We are safe」と記されている。最近宿泊した長野市内、福岡市内のホテルにはなかった。このようなシールを貼らねばならないのがTOKYO2020。

機能別消防団員のすすめ

2月13日（土）深夜、福島県沖を震源とする最大震度6強の地震が発生した。気象庁は、東日本大震災を引き起こした2011年3月の超巨大地震の余震との見解を示した。10年後に余震が起こるとは、「十年一昔」などとは言わせない地学的時間に驚くばかり。

虫の知らせでもあったのだろうか。「消防団」について取り上げた論説・社説が2編。

「県内の消防団員の減少に歯止めがかからない。背景には少子高齢化や人口減がある。自然災害が頻発している現状を考えれば、地域防災を担う消防団員の確保は急務だ。県や市町村は地域の実情を踏まえ、女性や学生の入団促進に一層努力するべきだ」で始まるのは、福島民報（2月11日付）。2020年4月1日時点の福島県内の消防団員数は3万2056人で、前年同期より548人の減。条例定数3万6282人に対する充足率は88・4％で前年より1・1ポイント減。過去最低を更新とのこと。富岡町、川内村、楢葉町、北塩原村などの、原発事故で避難区域が設定された町村や小規模自治体で団員確保がより難しくなっているそうだ。

「災害発生時は消火や水防活動、平時は訓練や火災予防の啓発などの活動に当たる」のが団員の役割。勤め人や女性、学生の団員を増やすために、「仕事や学業、家庭の事情に応じて特定の活動に限定して参加する『機能別団員』への勧誘が有効」とする。

福島市消防団が20年10月に発足させた機能別団員81人のうち、36人は大学や専門学校に通う女子学生。学生団員は主に火災予防の広報活動や大規模災害時の避難所開設などの後方支援に当たる。

各市町村が条例で定める年額報酬は全国平均で3万925円、福島県平均は2万6654円であることから、待遇改善にも言及している。

女性消防団員の増加に明るい兆し

南日本新聞（2月14日付）によれば、鹿児島県の団員数は2020年10月現在1万5170人。ピーク時より4000人近く減少しており、定員に1500人ほど不足とのこと。若年層の減少も深刻で、鹿児島県の平均年齢は全国平均を3歳上回る44・9歳。「危険を伴う活動も多いだけに若手の入団を促し、後継者を育成する取り組みを急ぐ必要がある」とする。

「団員の献身的な取り組みに対し手当が少ない」という現場の声を紹介し、団員減少の背景の一つに「対価の低さ」をあげる。

20年7月、鹿屋市を襲った豪雨時における団員の活動を紹介し、「人的被害がなかったのは、こうした活動があってこそだろう」と称賛する。さらに、同年10月現在、県内に626人いる女性団員の増加傾向を「明るい兆し」と評価する。

そして、「近年、各地で大雨や台風など災害に度々見舞われる中、消防団の役割は大きくなっている」「消防団は地域の防災力を高める上で欠かせない存在」として、待遇改善や加入しやすい環境づくりを訴える。

正論と急所を突く投書二編

コロナ禍でクローズアップされているのが、「PCR検査実施体制の調整役まで担わされている」保健所の存在意義。

国は「感染症の時代は終わった」として、1994年に保健所法を地域保健法に変え、全国に847か所あった保健所を2020年には469か所に減らした。結果、「相談したくても保健所に電話が通じない」「人手不足で役割が果たしにくい」という、厳しい事態に保健所は追い込まれている。

この情況に危機感を覚えた大野廣美氏の一文が、長崎新聞（2月11日付）の投書コーナーで紹介されている。「保健所職員は連日勤務や深夜までの勤務が続いて疲弊しており、中には職場の長椅子で休む方もいたそうです」と、その窮状を指摘し、「なぜ、このような保健所行政になったのでしょうか」と問いかける。それに「歴代政権が金科玉条のごとく言ってきた行政改革という名の保健所や保健所職員の数の削減が今日のコロナ対策の遅れにつながっている一因ではないでしょうか」と自答する。その根拠にあげるのが、政権党や首長が、選挙時に「行政改革＝公務員減らし」を叫び続けてきたこと。その一例としたのは、ある首長が「自分は、職員を何人減らしてきた」と選挙運動で述べたこと。これらに怒り、「行政改革とは、保健所や職員数の削減ではなく、少子高齢化や虐待の問題などに関して、よりきめ細かい行政を住民の側に立ってすすめること」が、このコロナ禍を通じて明らかになった、と正論そのもの。

これに並んでもう一つ怒りの投書が、同じ紙面に取り上げられている。

「『老後資金2千万円問題』を巡り2019年6月、国会で前首相に対する問責決議案が出され、反対討論に立った議員が『野党の皆さんは恥を知れ』と痛烈に罵倒した場面があった」で始まる久保哲也氏によるもの。「前政権が『一連の疑惑』で政治不信を招き、菅政権に継承されて約5ヶ月。（中略）永田町では不祥事のオンパレード。かつて『選良』と尊敬された代議士諸氏はどこに行ったのか」と嘆き、「前出の『元気な叱責議員』に、今こそ同僚の不祥事に対して糾弾してほしいものだ」と、急所を突く。

良き選挙民が「選良」を産み育てる

長崎新聞（2月11日付）の「記者の目」というコーナーに豊竹健二氏（同紙東京支社）が、「諫干より卵だった」というタイトルの記事を寄せている。諫干《いさかん》とは、1989年から始まる「国営諫早湾干拓事業」のこと。卵とは、鶏卵生産事業者「アキタフーズ」から現金を受け取り、収賄罪で起訴された吉川貴盛元農相の事件を指す。

「確かに諫早湾干拓事業に関心はなさそうに見えたが、たぶん頭の中は卵のことでいっぱいだったのだろう」と、強烈な皮肉で始まるのには訳がある。吉川氏は農相時代、「閣議後の会見で諫干について何をどう聞かれても官僚が作ったペーパーを機械的に読み上げていた」からである。故に、「なるほど、卵のことを尋ねれば、たぶん冗舌に語ってくれたのだ」と皮肉が続く。

返す刀で、「同じ業者から現金を受け取り、なぜか立件見送りとなった西川公也元農相も恐らく諫干に興味はなかった。視察の際、言い方は悪いがとんちんかんな発言が相次ぎ、車の中で官僚が一生懸命レクチャーしていた姿が懐かしい」とのこと。そして、「そんな人たちが開門問題を左右するポジションに就いていたことに疑問を禁じ得ない」とは同感。そして、悲しむべき現実。

投書を紹介した大野氏は、「有権者もまた、その主張（公務員減らし）を受け入れてきました」と、有権者の責任にも言及している。

久保氏も、死語化する「選良」という言葉をあえて用いることで、選ぶ側に求められる責任と見識を示唆している。

Ａｒｅ ｗｅ ｓａｆｅ?と問われて、Ｗｅ ａｒｅ ｓａｆｅ!と答えられる情況をつくるために、我々は選ぶ側の責任を果たさなければならない。

「地方の眼力」なめんなよ

敗戦宣言への着手

（2021・02・24）

新型コロナウイルスのワクチン先行接種が、医療従事者を対象に2月17日から始まった。厚生労働省によれば、22日の午後5時時点で、全国の95病院で合わせて1万1934人が接種した。さすが自称先進国。先に進んではいない。

コロナの収束なくして五輪・パラ無し

東京新聞（2月21日付）で玉川徹《たまかわとおる》氏（コメンテーター）は、東京五輪・パラ開催可否に関する各種世論調査の結果を、「日本人にとっては、五輪・パラ開催よりもコロナの収束の方が優先順位が高い」と読む。「コロナは身近な命と経済の問題。五輪・パラの優先順位が低くても不思議ではありません。（中略）今後、ワクチンの取り合いで、接種が順調に進むかも不透明です。せめてこの問題だけでも解決させなければ、世論の変化は難しい」として、「コロナの収束なくして五輪・パラ無し」とする。

沖縄社会に漂う閉塞感

コロナ禍は、ワクチン接種では解決できない傷を人びとに与え続けている。

沖縄タイムス（2月17日付）の社説は、同社と琉球朝日放送（ＱＡＢ）が実施した県民意識調査（回答者数１０４７

人）から、沖縄社会に漂う閉塞感を伝えている。要点のみ以下に列挙する。
（1）「暮らしで困ったこと」として、「人との交流機会が減った」をあげる人が67・3％で最も多い。「家にこもりがちになるため、精神的につらい」「コミュニケーション不足で職場の雰囲気が悪化」「友達と会ってストレス発散ができない」「1人暮らしは孤独」といった悲痛な叫びあり。「元気だった母が、デイケアにも行かず、家に閉じこもり、認知症になりつつある」との回答も。
（2）「死にたいと思ったことがある」と答えた人は14人。
（3）生活の苦しさを「大いに感じる」「ある程度感じる」人の合計は65・2％。2020年の収入が前年に比べ2～4割減が20・9％、5～7割減が6・1％、8割以上減が5・3％。「ホテル業、お客さまがいなく会社がつぶれそう」「収入が減って、子どもたちの学費の支払いが苦しい」との、切羽詰まった声。
（4）新型コロナは立場の弱い労働者を直撃。解雇や雇い止めで仕事を失った人のうち、非正規労働者が33・3％を占める。
（5）必要な施策として、「一律の現金給付」をあげた人が多い。
（6）経済と社会活動自粛のバランスについては、7割が「感染対策優先」と答え、「経済優先」を大きく上回る。
以上から社説子は「県民、国民は耐えている。政府は、日々の忍耐を支える心のケアに全力を尽くすべきだ。住民に最も近い市町村にもできることが多いはずだ。『つながり』をつくる工夫に取り組んでほしい」と訴える。

島根県からの一矢《いっし》

朝日新聞デジタル（2月19日17時37分）によれば、2月17日に、島根県内での東京五輪聖火リレーの中止を検討すると表明した丸山達也《まるやまたつや》島根県知事が、19日に「私は聖火リレーの実施が感染拡大を招くと思って中止を検討しているわけではない。おおもとの五輪の開催に問題があるというのが理由だ。聖火リレー自体を問題視しているわけではない」と説明し、コロナ対策の要望について、「総合調整権がある政府に対し、直接お願いにあがりたい」と話した。

山陰中央新報（2月20日付）の論説は、「賛否は分かれるものの、コロナの収束が見通せない中、『五輪開催ありき』で突き進む流れに、一石を投じたのは間違いない」とする。

知事が問題視したことは、次の二点。

ひとつは、世界中から競技者を受け入れる五輪での感染拡大を懸念したもの。島根県では、感染者の疫学調査を幅広く行っており、コロナによる死者は全国で唯一ゼロ。しかし、高齢化率が高い上に医療施設も限られ、感染が急拡大すれば機能不全に陥る危険性をはらんでいる。

もうひとつは、第3波で生じた政府による緊急事態宣言が発令された地域と、島根県をはじめ感染者が少ない地域との支援差。故に、「著しく不公平な対応。もう一度、都が感染拡大を助長するようなイベントの開催は理解できない」と訴える。

自民党の竹下亘《たけしたわたる》衆院議員（島根2区）が「知事の発言は不用意だ。注意しようと思う」と述べたことにも言及し、「中央からの風当たりは強まりそうだが、知事には地方の実情を訴え続けてほしい」と、エールを送る。

敗戦宣言のご提案

東京五輪・パラの開催を巡って国論が二分されている。毎日新聞（2月20日付）で加藤陽子《かとうようこ》氏（東京大教授）は、開催貫徹をAプラン、開催困難をBプランとし、起きてほしくない事態（プランB）を考えず「開催」だけを唱え続ける態度（日本の政策決定でよく目にする「言霊対応」）は、「もはや許されない状況」とする。

そして、「日本と世界の感染状況に対応し、科学的知見に裏付けられた、科学的検証に堪えうる施策が実施できるかどうか。ここに、開催可否の基準が置かれるべきだろう。この場合の科学的知見は、公開性かつ共有性が担保されていなければならない。科学に基づいて判断がなされた、と内外から信頼される政治決定が求められる」として、開催困難時に政治が発すべき言葉について、興味深い提言をしている。

まず注目したのは、国論が二分された状況下、極めて重要な物事が止められた巨大な先例である、昭和天皇による終戦の詔書《しょうしょ》に、「日本と世界、国民と世界人類というように、内と外双方へ向けた深い洞察が周到に書き込まれていたこと」。

これに導かれて、「内なる国民と外なる世界の人々双方の生命の安全を確保しつつ五輪を開催するのは難しい」と、率直に言明することを提案する。

加藤陽子氏は、菅首相の手によって、理由を明らかにされることもなく、日本学術会議の会員となることを任命されなかった6名のうちのひとり。

菅氏の文字通りの愚息による「親のばか光」を笠に着た接待攻勢が、政権を揺るがす贈収賄事件へと展開しつつある。もともと容量に限界のある彼の脳みそには、加藤氏の提案を検討し、受け入れる余地はないだろう。もちろん、度量も器量もない。しかし、寛容なる知識人からの贈り物をありがたく拳々服膺《けんけんふくよう》すべき段階にある。

鈴木哲夫氏も、「サンデー毎日」（3月7日号）で、橋本聖子東京五輪・パラ組織委員会会長に、「〝敗戦処理〟という大難題がのしかかる」ことを指摘する。潔く、敗戦宣言の起草を日本学術会議にお願いしますか、堪え難きを堪え、忍び難きを忍んで。

「地方の眼力」なめんなよ

農水省官僚接待問題の大罪

（2021・03・03）

農林水産省は2月25日、鶏卵を巡る贈収賄事件で在宅起訴された鶏卵生産大手「アキタフーズ」グループの秋田善祺元代表から会食の接待を受けたことに関して、国家公務員倫理法に基づく倫理規程に違反したと判断し、枝元真徹《まさあき》事務次官ら計6人を処分した。閣僚給与1カ月分を自主返納した野上浩太郎農相は同日、「農林水産行政に対する国民の信頼を大きく損ない、改めて深くおわびする」と謝罪したが、更迭を否定した。

事務次官は辞任すべし

日本農業新聞（3月2日付）によれば、3月1日の衆院予算委員会に参考人として招致された枝元氏は次のように述べている。

（1）処分に関して、「農林水産行政、国家公務員に対する信頼を損なった。誠に申し訳なく、心からおわび申し上げる」。

（2）会食中の会話に関して、「養鶏についての話題も出たのだろうとは思うが、ほとんど覚えていない」「具体的な政策についての働き掛けがあれば、さすがに覚えていると思う」と述べ、秋田氏や同席していた吉川元農相からの指示はなかったとの認識を示す。

（3）会食に秋田氏が参加することを、事前に知らなかった。

同じく処分され、参考人に招致された水田正和生産局長は、秋田氏の参加は事前に知っていたが、費用については、「会食の中で（吉川氏から）自分が負担するという話があった」と説明した。

魚心あれば水心。あうんの呼吸。火のないところに煙は立たぬ。官僚と政治家の嘘は聞き飽きた。国民を見くびるな。

「農林水産行政、国家公務員に対する信頼を損なった」人に、事務次官は務まらない。普通の神経ならネ。

完了した官僚たち

東京新聞（2月26日付）によれば、枝元氏以外の処分された5人の官僚は、贈収賄疑惑が持ち上がった2020年12月に、会食に関する同紙からの質問に次のように回答している。

水田正和生産局長：覚えていない。そのころはバタバタしていた。

渡辺毅畜産部長：記憶にない。倫理規定で決まっているし、接待を受けることはない。

伏見啓二大臣官房審議官：覚えていない。一般論だが、大臣に誘われたら断れない。

犬飼史郎畜産振興課長：バタバタしていて記憶にない。

望月健司農地政策課長：記憶にない。業界関係者と飲食することはあるが、ちゃんとお金は出す。

農水省は、彼らが出席した会食において利害関係者に当たるアキタフーズが会食費を負担していたことを確認し、2月25日付での処分となった。全員立派な嘘つき。処分されたことさえも記憶にない、とは言わせない。

賄賂は業界の道を塞ぐ

日本経済新聞（2月25日付）の社説は、「農業界は様々な補助金で守られており、制度を担う行政と民間の関係は高い透明性が求められる。とくに養鶏は、家畜を快適な環境で育てる『アニマルウェルフェア』で欧州などと日本の意見が対立しており、業者との癒着は主張の正当性への疑念を招く」ことなどを危惧し、「安倍晋三前首相から続く長期政権のもとで、政官民の緊張関係がないがしろになっていると言わざるを得ない。一連の疑惑のさらなる真相究明と、再発防止策の徹底が急務になっている」とする。

中国新聞（2月28日付）の社説は、「一部の者のための政治に官僚がなびく。安倍政権から菅政権へと受け継がれた『ゆがみ』のようなもの」を、安倍体制由来の病根として指摘する。その病根を絶ちきるためには、2018年以降に数百万円の提供を受けたとされる、西川公也元農相が「不問に付されたことは解せない」とし、国会において説明責任を果たすよう強く求めている。

さらに興味深いのは、この問題を家畜飼育環境の新展開につなげることに言及していることである。まず、家畜を快適な環境で飼育する「アニマルウェルフェア」（動物福祉、AWと略）が「世界的な潮流とはいえ、日本に適した進め方はあっていい」とする。そして、業界の長年の努力を評価した上で、「鶏卵の高い自給率を誇りながら飼料や種鶏の自給率が極めて低い」ことを取り上げ、「鶏卵は身近な食であるだけに、一連の課題の解決は消費者も巻き込む動きにすべきだろう」と冷静に提言し、「業界発展」のためになる「金銭や接待による工作以外」の方途があったことを言外に滲ませる。

品質と生産性の向上にも通じるアニマルウエルフェア（ＡＷ）

高村薫氏（作家）は、「サンデー毎日」（3月2日号）でAWを取り上げ、「すでに欧米では当たり前なのだから日本も積極的に取り組むべしという、そんな単純な話ではないのだ」としたうえで、「日本政府は業界団体の圧力の下、理由にもならない理由をつけてぐずぐずと反対を続けているのだが、このままではいずれ世界から強烈なNOを突きつけられることになろう」と予想する。さらに「日本は1個20円で清潔な卵が食べられる現在のバタリーケージ飼い（ワイヤーでできたカゴを何段も積み重ねて収容する）をやめる必要はないが、せめてケージの何割かは一羽あたりのスペースを増やして止まり木や巣箱を設置してもよいのではないか。そのために卵の単価が上がっても、消費者も毎日食べる卵かけご飯を二日に一度にすればよいだけのことだろう」と、消費者への働き掛けに言及する。そして、「ケージの止まり木は鶏の福祉のためではなく、鶏のストレスを軽減して丈夫な個体に育て、品質と生産性を上げるためだと思えば、日本の業者も積極的に設置して損はないはずだ」と、業者に柔軟な対応を求める。

政策の怠慢がパンデミックを引き起こす

藤原辰史氏（京都大准教授・農業史、環境史）は、毎日新聞（1月28日付）で、「鳥インフルは免疫力の弱い鶏を密集飼いする養鶏場で発生し変異しやすい。人間に感染したとき、新型コロナウイルスより弱毒であると誰が断言できよう」として、この事件が「動物がかわいそうだという単純な話ではない。畜産環境の改善の怠慢がパンデミックに直結するのだ」と、危機感をあらわにする。

「日本は殺処分の仕組みを洗練させるだけで、根本的な養鶏の変革に手をつけなかった。当然、動物福祉の理念にのっとった養鶏に移行するには時間と支援が必要である。豚や牛も同様だ。軟着陸可能なロードマップを農相は考える必要があったのだが、業者からのカネがそれを鈍らせていた」とする。「カネとコネに汚染された内輪政治は対処に深刻な遅れをもたらし、破局を招く。コロナ変異株への対応が致命的に遅いのも、日本型内輪政治の弊害の典型的事例だろう。白い粉をかけられ穴に埋められる鶏たちの姿が人間そのものになるまで残された時間はそれほどないはずだ」とは、地獄絵図。

畜産環境の改善を怠り、感染爆発の可能性を放置したとすれば、あるべき政策は大きく歪められた。その罪は極めて大きい。

「地方の眼力」なめんなよ

（2021・03・10）

「政治の貧困」がもたらす「生理の貧困」

3月8日は「国際女性デー」、今日10日は「農山漁村女性の日」です。

女性活躍への提言

国際女性デーに寄せた、北海道新聞と沖縄タイムスの8日付の社説を紹介する。

「菅義偉政権のジェンダーへの感度は鈍い」とするのは北海道新聞。その典型例として、男女共同参画の中心テーマである「選択的夫婦別姓」の文言が、新しい男女共同参画基本計画で削除されたことに加え、制度導入に反対する文書に名を連ねていた丸川珠代《たまよ》氏を男女共同参画担当相に就任させたことを取り上げる。そして、働き方や家庭での男女の役割をさらに見直す必要があることを指摘し、課題解消に向けて先頭に立って取り組むことを政治に求めている。

沖縄タイムスは、「女性が能力を発揮できる環境をつくり、その力を社会に生かすことは持続可能な経済成長につながる」として、2022年から始まる沖縄振興計画に言及している。同県内の経済界の女性リーダーから相次ぐ強い要望に加え、「沖縄は非正規労働者の割合が全国で最も高く、母子世帯の割合も全国の2倍」で、「高い子どもの貧困率は女性の貧困と重なる」ことから、「安定した雇用環境で女性が能力を発揮し、安心して暮らせる施策」の検討を求めている。

天災からの避難先が女性にもたらす人災

明日3月11日で東日本大震災・福島第一原発事故から10年が経つ。『災害女性学をつくる』(生活思想社)の編著者のひとり浅野富美枝《ふみえ》氏が東京新聞(3月3日付夕刊)に寄せた一文は、氏が宮城県内の避難所を回り、大勢の女性たちの声を聞いたことに基づいているからこそ、鋭く、重く、そして切ない。

「ジェンダー格差の大きい日本では、女性は災害時に弱い立場におかれることが多い。(中略)災害女性学の最大のテーマは、災害時の人権と、被災者の『尊厳ある生活を営む権利』の保障である。(中略)平時と非常時を貫く『ジェンダーの格差』が、災害時の女性の困難の根底にある。それをなくすには、平時と非常時を問わず社会構造を変革し、特にジェンダー平等社会を確立することが求められる」とする。

ある女性が「生理用ナプキンがほしい」と頼むと、避難所の男性管理者から渡されたのは一枚だけ。次のトイレの際にもらいに行くと、「さっきあげたばかりだ」と言われた。ナプキンを女性1人につき1枚、幼児から高齢者まで「公平に」配付した男性管理者もいた。枚挙にいとまなき、避難所での「困った」話のひとつとして紹介されている。

みんなの生理

3月4日7時台のNHK「おはよう日本」では、トップのコロナ関連ニュースに続いて、「生理の貧困」が取り上げられた。

若者のグループ「#みんなの生理」が行った「生理に関する実態調査」（2月17日から3月2日、SNS調査、高校生以上の生徒・学生671名が回答）から、次の二項目が紹介された。

「生理用品を買うのに苦労した」約2割。「トイレットペーパーなどで代用した」約3割。

関東の専門学校に通う19歳の女性は、食費を含む生活費のほとんどをアルバイトで稼ぐ。しかしコロナ禍で仕事が減り、画面に映し出された預金通帳には、「2月22日給与1886０円」の印字。「生きていけないとなった時、生理用品にかけるお金はない。まずは食べていかないと。今は、自宅のトイレットペーパーや布で代用。経血で服などを汚さないか不安で、通学やアルバイトを諦める日もある。（中略）生理用品はあって当たり前のものだった。こんなにも長い間買えないことが続くとは思ってもいなかった」という状況に、家人ともども言葉を失う。

グループの代表は「生理って声のあげにくいトピックですが、当事者だけに声をあげることを強要してはいけないと思う。生理があるだけで社会参画の機会が少なくなることは、重く受け止めなければない」として、社会全体での理解を求めた。

最後にキャスターが、「この問題の深刻さのひとつに、食料支援と比べると、ほとんど支援がないということがあげられます。調査団体は自治体や企業に呼びかけ、公共施設や学校に生理用品を設置することを目指している」ことを紹介した。

「生理の貧困」の撲滅に向かうフランス

しんぶん赤旗（2月13日付）は、フランスの学生団体、一般学生会連合会（ＦＡＧＥ）と全国学生助産師協会（ＡＮＥＳＦ）が２０２０年10月から６５１８人の学生を対象に行った調査結果を伝えている。13％が「食料か、生理用品か」の選択を迫られたことがある。10人に１人が、手作りで代用品を用意している。20人に１人がトイレットペーパーを使用して対処している。10人に１人が、生理用品を入手できず学校を休むことを余儀なくされた経験を有している。

これらからＦＡＧＥは「尊厳ある生理期間」を過ごせないことは「身体的、精神的、社会的に有害な影響がある」として、すべての人が生理用品を入手できる体制を一刻も早くつくることを訴えている。

動きは早い！　同紙（25日付）は１面で、フランス政府がすべての学生に生理用品を無償提供すると発表したことを伝えている。「生理の不安とのたたかいは、尊厳、連帯、健康の問題だ。２０２１年になっても食料か身を守るかの選択をしなければならない状況があるのは受け入れられない」と表明したのは、ビダル高等教育・研究相。素早い政治決断と格調高いメッセージに感動。

ＪＡグループも「生理の貧困」の解消に取り組め

日本農業新聞（３月10日付）の論説は、「地域農業の方針策定への女性参画を示す指標として政府は、ＪＡ役員と農業委員の女性の割合で数値目標を掲げた。増えてきたが、達成にはまだ遠い。次世代の女性リーダーを育む土壌づくりに力を入れるべきだ」とする。確かに、男だらけの社会。その象徴が全国農業協同組合中央会の役員構成。29名中女性理事は１名のみ。

斎藤美奈子氏（文芸評論家）は、東京新聞（３月10日付）で「アリバイ的に、チームの中に１人、２人だけ女性を交ぜるケースは以前からありましたが、それじゃダメです。できれば半々、最低でも3割か4割。それだけで組織は変わる」と指摘する。

タイトルは、ずばり「『紅一点』じゃダメ」。

JAグループにおいても、フードバンクをはじめとする食料支援や大学などへの寄付講座など、多様な社会貢献活動が取り組まれている。女性の運営参画のスピードを上げ、社会貢献活動のひとつに、「生理の貧困」を解消する取り組みを加えるべきである。

それをひとつの契機に、「政治の貧困」が解消され、「生理の貧困」が撲滅されると、この眼は睨んでいる。

「地方の眼力」なめんなよ

（2021・03・17）

ニューノーマルと半農半JA

「コロナ禍で働き方の本質が変わり、先進的な企業ほど『大きなオフィスは必要ない』と気づいたと思います。過去半年のオフィスビル空室率の上昇は尋常ではなく、コロナ禍が落ち着いても元に戻ることはないでしょう。（中略）オフィス需要が今以上に減れば、大企業は更新時期に面積削減や転出の決断をすることになる。東京都心に多い大企業のオフィスビルはドラスティックに変わるでしょう」（牧野《まきの》知弘《ともひろ》氏、経済・社会問題評論家、『サンデー毎日』3月28日号）

ニューノーマルに対応できない農政

「農水省の担い手概念は修正の時を迎えているのではないか。農政の検証に入るべきだ」と、鋭い問題提起をしているのは日本農業新聞（3月16日付）の論説。キーワードは、ニューノーマル（新常態）。「革新的な技術開発や不況、災害といった大きな出来事をきっかけに生まれる」もので、「それ以前の『当たり前』と入れ替わる暮らし方や働き方の新しい常識」を指す。身近な例としては、前述のオフィスビルの空洞化を招来させたリモートワーク、適疎を求めるライフスタイル、ネットショッピング、そしてオンライン会議等々があげられる。

論説子は、新型コロナウイルスの感染拡大を機に急速に普及したニューノーマルな働き方が、「農業と田園回帰の領域にも打ち寄せる」ことを想定し、「農政は多様な働き方を選んだ人たちを包摂し、農業・農村の新人材として生かすべきだ」とする。

この動きがコロナ禍収束後も一段と進化することを展望し、「産地には追い風」と期待を寄せる。ただし、「手をこまぬいていればチャンスはしぼむ」との警告も忘れない。

手をこまぬくとは、1992年策定の「新しい食料・農業・農村政策の方向（新政策）」からはじまる、「産業としての農業を育成するという政策の王道」を墨守し、ニューノーマルへの対応を怠ることである。なぜならその王道を歩めるのは、経営感覚に優れた効率的・安定的な経営体として規模拡大路線をひた走れる「担い手」だけだからだ。

農業・農村に向かうニューノーマルの人々を受け止めるために評価するのが、「半農半X」に注目し、農業をしながら多様な形で働く人たちを応援しようとしている「食料・農業・農村基本計画」である。そして、「これは、総務省や国土交通省が地方創生で重視する多様な人材の受け入れ・育成という考えと方向性が合う」点にも着目する。

さらに、地方創生の新しい政策の方向を示す第2期「まち・ひと・しごと創生総合戦略」が、ニューノーマル層を地域活性化の政策対象に据えていることを、「先見性と柔軟性があり、イノベーションの可能性を内在する」と高く評価し、期待を寄せている。

農業経営の継承に改善の兆しなし

農水省は、3月2日に「農業経営の継承に関する意識・意向調査結果」を公表した。これは2020年8月上旬から同月下旬にかけて、農業経営の継承に関する意識・意向に関して、認定農業者のいる農業経営体（家族経営体）の経営主である60歳代の農業者1000人を対象に調査し、690人から回答を得たものである。

農業協同組合新聞（3月10日付）で整理された結果概要の中から、以下の6点を取り上げ検討する。

（1）「現在の経営を全体または一部を継承する」が50・1％、「決めていない」が34・6％、「何も継承しない」が7・8％。

（2）「経営を継承する意向の農業者で本人の同意を得て後継者が決まっている」と回答したのは全体の40・1％（277人）、「後継者が決まっていない」は9・9％（68人）。

（3）後継者の属性では、277人のうち「同居の子」が72・9％、「非同居の子」が23・5％。96・4％が「子」である。

（4）「後継者は決まっていない」と回答した農業者（68人）のうち、「候補はいる」との回答は72・1％（49人）。49人中、「子（同居）」36・7％、「子（非同居）」34・7％だった。ただし、候補者に経営継承の同意を得られると考えているかとの質問には、「現状のままでは難しい」が63・2％（43人）。

（5）その43人に「現状のままでは難しい」理由を問うと、「農業所得が不足している」が76・7％、これに「施設・機械が老朽化している」が34・9％で続く。

（6）（1）で「何も継承しない」と答えた7・8％（54人）にその理由を聞くと、「地域に農地の受け手となる農業者がいないため」が29・6%、これに「地域に農地の受け手となりうる農業者はいるが、これ以上農地を引き受けきれない状態のため」24・1%が続いた。

以上より、認定農業者のいる農業経営体（家族経営体）でさえも、後継者の確保が容易ではないことが明らかとなった。ただし、後継者の対象が「子」に限定されている点に、この問題の難しさがある。

農業経営の継続、それによる地域社会の維持などを考える時、後継者の対象範囲を広げることは避けられない。田園回帰志向のニューノーマル層へのアプローチは、積極的に挑戦すべきものである。

「半農半ＪＡ」の提起

結論を先取りするならば、「半農半X」のXに、ＪＡがなることを提案したい。イメージは、スポーツなどの実業団でよく聞く、午前中は社員として働き、午後から練習を行う、という勤務形態である。あくまでもＪＡが正規で雇用し、午前中は農作業に取り組み、午後から出勤。もちろん、季節性や農作物の特性によって弾力的であることはいうまでもない。

前述した経営継承調査において、経営継承について「まだ相談していない」44人に、相談を想定している機関・組織を問うたら、ＪＡが56・8%で最も多かった。ＪＡに対する相談先としての期待は大きい。それだけ信頼されているということ。ＪＡにとっても、ＪＡに職員として籍を置きながら、農業の自営を目指そうとする者の存在は、力強く感じられるはず。もちろん、ニューノーマル層にとっても、地域に根差したＪＡで所得を得ながら、農業力を磨くことは、安定した家庭生活を築くうえで、きわめて魅力的である。

3月16日の参院農林水産委員会で、石垣のり子議員（立憲民主党）は「担い手の農地集積率が6割から8割に増え、その他の多様な経営体は2割になるというのが望ましい姿という認識か」と質問した。これに、光吉一《みつよしはじめ》農水省経営局長は、「担い手以外の減少を積極的に進めて、その農地面積を2割にしようという趣旨ではない。中小規模の経営体なども、営農の継続が図られるよう配慮していく」と回答している（日本農業新聞、3月17日付）。

ネットでそのやり取りを見ている限り、農水省が王道と考える担い手の育成に力を入れ、その他の多様な担い手を「その他大勢」としてしか位置づけていないように感じられた。しかし、まずはその回答を信じよう。

ニューノーマルに対応せず、オールドノーマルを貫くならば、いずれアブノーマルとして断罪されるのみ。

「地方の眼力」なめんなよ

（2021・03・24）

民、信無くば立たすまじ

3月24日7時台のNHK「おはよう日本」は、「食料価格上昇　広がる波紋」というタイトルで、砂糖、大豆、トウモロコシの価格上昇とその影響を伝えた。

高騰する砂糖、大豆、トウモロコシの国際取引価格

まずは砂糖。国際的先物取引価格が前年同時期と比べて約35％上昇。東京都内の老舗飴店では、4月より砂糖の仕入れ価格は1キロ5円上がるとのこと。コロナ禍で売上げが大きく減る中での砂糖の値上げに、「少しでも上がるのはも

う勘弁してもらいたい」とは、店主の切実な声。

原因は主要生産国での サトウキビ生産の落ち込み。主要生産国のひとつであるタイでは、干ばつによる水不足により、サトウキビからの転作が進む。「干ばつに強いほかの作物があるので、この地域のサトウキビ畑は少なくなっている」とは農家の声。現地の砂糖メーカーも原料の確保がままならず、生産量は不作だった前年を約10％下回る見通し。「われわれの工場は経営が苦しくなり何もなくなってしまう」と、窮状を語るのは経営幹部。

続いて大豆とトウモロコシ。国際的先物取引価格が前年同時期と比べて大豆は約70％、トウモロコシは45％、それぞれ上昇。その背景のひとつとして、中国における食肉需要の高まりと、それに伴う飼料用穀物の輸入が大幅に増加していることをあげる。

大豆やトウモロコシの国際価格の上昇は、4月から食料油の値上げとしてわが国の家計に影響を及ぼすことになる。柴田明夫《しばたあきお》氏（資源・食糧問題研究所代表）は、天候不順や中国での需要増加、そして海上運賃の値上がりなどによって、これらの価格上昇がわが国に及ぼす影響は、大きくかつ長期化する可能性を指摘する。

ちなみに、「2019年度食料・農業・農村白書」に基づけば、2018年度の1人1日当たりの供給熱量は2443kcal。油脂類はその14・7％を占め、米、畜産物に続いている。にもかかわらず、自給率はわずか3％。油脂類の自給率を高めない限り、わが国の食料自給率の向上は極めて困難である。

思慮浅き薄っぺらなスカ話

このような状況であるにもかかわらず、菅首相に危機感は乏しい。

第88回自由民主党大会（3月21日開催）における総裁演説で菅氏は、「地方を大切にしたい、元気にしたい、田舎で育った私の中には地方への熱い思いが脈々と流れています」と、いつものように地方出身者であることを強調する。そして、「私は日本の素晴らしい農林水産物の輸出を大きく伸ばすことに全力を尽くしたいと思っています。また、感染収束後の外国人観光客に備え、全国の地方に眠る豊富な資源をさらに磨き上げていきます」と、語っている。相も変わらず、輸出とインバウンド。国民の生命に関わる医療や食料などは可能な限り自給を目指さねばならないことや、外国人観光客依存の限界や問題点といった、コロナ禍があぶり出して我々に教えてくれたことを学習した形跡なし。収束した暁には、コロナ禍以前にしれーっと戻ることしか頭にない。いずれにしましても、思慮浅き薄っぺらなスカ話。

家族経営の底力

コロナ禍の影響をまともに受け、呻吟《しんぎん》しながらも、あるべき姿を冷静に見つめた人の発言は、思慮深く重厚である。

熊本県南阿蘇村で農園などを営みながら、大学教授や県教育委員を務める木之内《きのうち》均《ひとし》氏（木之内農園会長）は、日本農業新聞（3月22日付）で、「それなりのリスクヘッジはしているつもりであった。しかし、私はコロナで自らの農園もこんなにダメージを受けるとは予想もしていなかった」と、正直に語っている。「5年前の熊本地震の時も多くのボランティアの方々や行政支援のおかげでなんとか立て直し」た経営者の言葉である。

「私の農園も6次化にはいち早く取り組んで法人化につなげ、規模拡大してきたことで安定させてきた。ただ、今回ばかりはこのことが裏目に出た。観光農園は緊急事態宣言により直接影響を受けたと同時に、近年インバウンド（訪日外国人）の獲得を中心に営業戦略を組んでいたことが全く止まってしまったのだ」とのこと。

そこから、「6次化や大規模化は担い手不足と高齢化に悩む日本農業としては決して間違った方向ではないと感じるが、中山間地のような条件不利地域で小規模でも必死に努力を続ける家族経営も、この変化の速い想定外のことが連発する時代の中では重要であると改めて考えさせられた気がする」と、家族経営の底力に言及している。

今の政治に「信」ありや

朝日新聞（3月11日付）は、２０６５年の無料開放が法律で定められている高速道路の料金制度について、国土交通省が10日に、永久的に料金を徴収する制度の本格的な検討を始めたことを伝えた。

「12年の中央自動車道笹子トンネルの天井板崩落事故の後、建設当初は想定していなかった大規模な修繕が各所で必要であることが判明。このため、国は14年、日本道路公団が民営化された05年時点では50年を予定していた無料開放の時期を、15年間延長することを決めた。その後、全国の道路点検の結果、将来にわたって巨額の維持管理費が必要とわかった。将来の自動運転社会に対応するため、道路の機能を向上させるためのお金も必要だとする指摘も出ていた」ことから、「永久有料化の議論に踏み込むべきだと判断した」とのこと。

この動きに対して、「『許せない』と心の中で叫んだ」と、同紙（3月22日付）に読者の声を寄せているのは吉田豊氏（愛知県）。

「国内初の高速道路、名神高速道路が建設される時、実家の農地も買収された。まだ農業が主要な産業の一つであった60年前のことである。祖先から受け継いだ農地を失うことは、生業を失うことであった。村の人みんなが『反対』を掲げた。だが『建設費用償還後は無料化し国民に開放する』との政府の約束に、国策だからと泣く泣く買収に応じた。子どもながらにはっきり覚えている。（中略）土地を売り払った時の農民の気持ちは受け継がれ、今も生き続けている。これでは『何のために犠牲を払ったのか』との思いがつのるばかりだ。『ご都合主義』が通れば、『だましたな』となり、国の政治や政府に対する不信がわいてくる。昔の約束といえど、『約束』は守られなければならない。そう私は思っている」と、約束の遵守を求めている。

政治家が好んで用いる言葉に、孔子の「民、信無くば立たず」という言葉がある。信頼されていない政治家に限って使うから、言葉の価値は下がりっぱなしだが、「政治というものは民（民衆）の信頼なくして成り立つものではない」

ことを教えている。
あえて「民」に問いたい。今の政治に「信」ありや。
「地方の眼力」なめんなよ

「みどりの食料システム戦略」に物申せ

（2021・03・31）

3月29日農水省は、「みどりの食料システム戦略 中間取りまとめ」を決定した。

「みどりの食料システム戦略」の概要

戦略策定の背景は、「将来にわたって食料の安定供給を図るために、災害や温暖化に強く、生産者の減少やポストコロナも見据えた農林水産行政を推進していく必要性が高まっている」と「SDGsや環境を重視する国内外の動きが加速していくと見込まれる中、持続可能な食料システムを構築していくことが急務となっている」、この2点に要約される。

そのため同戦略は、「生産から消費までサプライチェーンの各段階において、新たな技術体系の確立と更なるイノベーションの創造により、我が国の食料・農林水産業の生産力向上と持続性の両立をイノベーションで実現する」ことを目指している。

2050年までに目指す姿として、8項目が示されている。うち、農業に関係するものは次の4項目。
(1)農林水産業のCO2ゼロエミッション化の実現
(2)化学農薬の使用量(リスク換算)を50%低減
(3)化学肥料の使用量を30%低減
(4)耕地面積に占める有機農業の取組面積の割合を25%(100万ha)に拡大
また、10年単位での戦略的取組方向は、次のように整理される。
(1)2030年までに、開発されつつある技術の社会実装(小松注:実装とは、装置を構成する部品を実際に取り付けることで、実用化を意味する)
(2)2040年までに革新的な技術・生産体系を順次開発(技術開発目標)
(3)2050年までに革新的な技術・生産体系の速やかな社会実装(社会実装目標)
このように長期的展望に立った、大がかりな体系で、これまでの慣行農業とは異なる農法の定着を目指している。

あふれるスピード感

だとすれば、練りに練った戦略が策定されるべきだが、実態は「スピード感」をもって創り上げられたもの。

山田優氏(日本農業新聞特別編集委員、日本農業新聞3月30日付)は、「昨年10月16日に野上浩太郎農相が戦略づくりを会見で披露。その後12月21日に戦略本部が設置された。年が明けて関係者らとの意見交換会を繰り返し、3月5日に素案がまとまった」ことから、「即席麺じゃあるまいし、3カ月ぐらいで農政の大転換を決めないでほしい」と、手厳しい。

ちなみに、生産者、団体、企業等との意見交換会（オンライン）は、1月8日の日本農業法人協会を皮切りに、3月17日の再生可能エネルギー事業関係者まで、20回行われている。

JA全中（第2回）は、「JAグループも昨年5月に『JAグループSDGs取組方針』を策定。持続可能な食料生産と環境負荷の軽減等は、我々の認識や方向性と一致しており、一緒に取り組んでまいりたい」「グループ内で組織的な議論を行い、政策提案等を整理する予定。引き続き、意見交換をお願いしたい」などと発言している。

JA全農（第14回）は、「『生産者と消費者を安心で結ぶ懸け橋になる』という全農グループの経営理念と合致しており、かつ、JAグループの事業施策と密接に関わる。JA全農としても、積極的に戦略実現に向けて取り組んでいきたい」「一方、こうした施策の普及のためには、生産者のみならず、食品企業、外食・小売業者、消費者の理解と協力が必要。また、メーカーや研究機関と連携した技術開発、国による予算支援・規制改革等が重要」「本戦略は、これまでの産業政策の転換点ともなりうるものであり、農林水産省と密接に連携しながら新たな日本農業の形を構築できるよう取り組んでいきたい」などと発言している。

有機農業関係者（第13回）は、「有機農業の面積目標として、日本でも25%を大きく打ち出すべき。日本の有機農業を一気に進める目標を設定することは、世界に対してのアピールに繋がる」「有機JAS認証が広がらない理由は、費用が全て生産者負担であり、毎年検査を受けなければならず費用がかかる一方、費用に見合う価格で販売できる補償はないことである」などと発言している。

総論賛成の流れに待ったをかけたのが、戦略に関する知見を最も有しているにもかかわらず、意見交換の場を与えられなかった「日本有機農業学会」である。

日本有機農業学会からの興味深い提言

日本有機農業学会（谷口吉光《たにぐちよしみつ》会長・秋田県立大学教授）が農水省に提出した、「『みどりの食料システム戦略』に言及されている有機農業拡大の数値目標実現に対する提言書」は、冒頭で「国が欧米並みの高い数値目標を掲げて有機農業の推進に取り組むことは喜ばしいことである。しかし、目標を実現するための政策手法にはさまざまな問題があり、大幅な見直しが必要だと思われる」とする。そして、「有機農業という言葉の再定義」「技術革新（イノベーション）の方向性」「担い手の育成と農地の確保」「畜産のあり方」「農山漁村の地域振興との関係」「消費拡大の方向性」「国民の農業理解の必要性」の7項目にわたり、提言している。

注目した5点を次のように整理する。

（1）有機農業とは、「農地の生態系機能を向上させることで、生産性の向上と自然生態系の保全を両立させる農業」である。「化学肥料、化学農薬、遺伝子組み換え技術を使わない農業」という定義は過去のものである。

（2）技術革新については、「生態系の機能を向上させて間接的に作物に働きかける方向の技術」が求められるが、同戦略に示されたものは、「人間が作物に直接働きかける技術が中心で、生態系の機能を向上させる技術は非常に手薄」である。

（3）有機農業は持続可能な地域づくりにおいて重要な役割を担う可能性が高いので、同戦略を産業政策と地域政策を統合した政策として遂行する。

（4）有機農産物に対する消費（需要）を飛躍的に増やすために、公共セクターが率先して購入する（公共調達）。

（5）同戦略を機に、農家と非農家市民を隔てる見えない壁を取り壊し、国民の農業理解を格段に深化させる取り組みを始める。

戦略に赤点滅

当コラムは、この戦略が食料自給率をどのように位置づけているかに注目した。検索の結果、ＰＤＦ資料の中に1か所添えられていただけで、具体的な言及なし。食料自給率向上策に正対しない「食料」戦略は百害あるのみ。

さらに、「知」を嫌う菅首相への忖度なのか、学会無視、それも専門家集団の日本有機農業学会を等閑視《とうかんし》して有機農業を語るとは、勇気というか蛮勇そのもの。「知」もなめられたもの。「みどりの食料システム戦略」に赤点滅。

「地方の眼力」なめんなよ

■著者紹介

小松　泰信（こまつ・やすのぶ）

1953年長崎県生まれ。鳥取大学農学部卒、京都大学大学院農学研究科博士後期課程研究指導認定退学。（社）長野県農協地域開発機構研究員、石川県農業短期大学助手・講師・助教授、岡山大学農学部助教授・教授、同大学大学院環境生命科学研究科教授を経て、2019年3月定年退職。同年4月より（一社）長野県農協地域開発機構研究所長。岡山大学名誉教授。専門は農業協同組合論。

著書に『非敗の思想と農ある世界』（2009年、大学教育出版）、『地方紙の眼力』（共著、2017年、農山漁村文化協会）、『隠れ共産党宣言』（2018年、新日本出版社）、『農ある世界と地方の眼力』（2018年、大学教育出版）『農ある世界と地方の眼力2』（2019年、大学教育出版）、『共産党入党宣言』（2020年、新日本出版社）、『農ある世界と地方の眼力3』（2020年、大学教育出版）などがある。

農ある世界と地方の眼力4
令和漫筆集

二〇二一年一一月三〇日　初版第一刷発行

■著　者——小松泰信
■発行者——佐藤　守
■発行所——株式会社大学教育出版
〒七〇〇-〇九五三　岡山市南区西市八五五-四
電　話（〇八六）二四四-一二六八㈹
ＦＡＸ（〇八六）二四六-〇二九四
■印刷製本——モリモト印刷㈱
■ＤＴＰ——林　雅子

ISBN978-4-86692-163-1

好・評・発・売・中

農ある世界と地方の眼力
― 平成末期漫筆集 ―

小松泰信 著

ISBN978-4-86429-989-3　A5 判　324 頁　定価：本体 **2,000** 円＋税

本書は、JAcom・農業協同組合新聞の「地方の眼力」に掲載された 75 編からなる。第２次安倍政権下における「農ある世界」を取り巻く末期的情況に対する危機感とその解決の糸口を求めて、著者の思いの丈を自由に書き綴ったものである。

農ある世界と地方の眼力 2
― 平成末期漫筆集 ―

小松泰信 著

ISBN978-4-86692-049-8　A5 判　196 頁　定価：本体 **1,800** 円＋税

本書は、JAcom・農業協同組合新聞の「地方の眼力」に掲載された 44 編からなる続編である。第２次安倍政権下における「農ある世界」を取り巻く末期的情況に対する危機感とその解決の糸口を求めて、著者の思いの丈を自由に書き綴ったものである。

農ある世界と地方の眼力 3
― 令和漫筆集 ―

小松泰信 著

ISBN978-4-86692-099-3　A5 判 216 頁　定価：本体 **1,800** 円＋税

農業、農家、農村そして農協という「農ある世界」を取り巻く危機的情況の打開策を求めた第３弾の 49 編。あったことを、なかったことにしないためのウィークリー漫筆集。